嵌入式技术及开发案例

陈明忠 主编
陈妍 陈麒 曾曦琳 副主编

清华大学出版社
北京

内 容 简 介

本书基于 ST 公司推出的 STM32F103 芯片和 STM32CubeIDE 平台，实现基于 HAL/LL 库的 STM32 程序开发。本书以项目化教学模式编写，每个项目分为若干个任务，每个任务分别基于仿真平台和实物进行开发与调试。全书分为 9 章，内容包括进入 STM32 世界、C 语言的高级应用、LED 控制设计与实现、数码管显示设计与实现、按键控制设计与实现、STM32 定时器应用设计与实现、串行通信设计与实现、数模转换设计与实现、综合实训（显示终端工作原理、PWM 控制直流电动机、STM32 单片机超声波测距），涵盖了嵌入式系统的基本知识和主要应用场景。每章开始设置了知识目标、技能目标、素养目标，结尾不仅设置了练习题，还设置了"拓展阅读"栏目，拓宽学生视野，增强本书的育人功能。

本书可作为高职院校、独立学院电子信息类专业嵌入式课程的教学用书，也可作为广大智能电子产品制作爱好者的自学用书。

本书封面贴有清华大学出版社防伪标签，无标签者不得销售。
版权所有，侵权必究。举报：010-62782989，beiqinquan@tup.tsinghua.edu.cn。

图书在版编目（CIP）数据

嵌入式技术及开发案例 / 陈明忠主编；陈妍，陈麒，曾曦琳副主编．
北京：清华大学出版社，2025.3．-- ISBN 978-7-302-68552-4
Ⅰ．TP332
中国国家版本馆 CIP 数据核字第 2025AU1315 号

责任编辑：王剑乔
封面设计：刘　键
责任校对：刘　静
责任印制：刘　菲

出版发行：清华大学出版社
网　　址：https://www.tup.com.cn，https://www.wqxuetang.com
地　　址：北京清华大学学研大厦 A 座　　邮　编：100084
社 总 机：010-83470000　　邮　购：010-62786544
投稿与读者服务：010-62776969，c-service@tup.tsinghua.edu.cn
质量反馈：010-62772015，zhiliang@tup.tsinghua.edu.cn
课件下载：https://www.tup.com.cn，010-83470410

印 装 者：河北鹏润印刷有限公司
经　　销：全国新华书店
开　　本：185mm×260mm　　印　张：13.75　　字　数：332 千字
版　　次：2025 年 4 月第 1 版　　印　次：2025 年 4 月第 1 次印刷
定　　价：49.00 元

产品编号：096285-01

STM32 单片机于 2007 年由意法半导体有限公司(ST 公司)推出,经过多年的发展,已经成为通用 32 位 MCU(microcontroller unit,微控制器或单片机)市场的领先产品。截至 2022 年,STM32 系列在通用 32 位 MCU 市场份额排名第一。

STM32 单片机程序目前有 STD 库、HAL/LL 库两种开发方式。STD 库是 ST 公司早期推出的驱动库,开发人员可通过调用驱动库的 API 函数开发 STM32 单片机程序。STD 库开发方式曾经是主流的 STM32 单片机程序开发方式,但由于官方后续不再维护更新,STD 库无法支持新推出的 STM32 单片机型号,因此 STD 库的使用者不断减少。HAL/LL 库是继 STD 库之后,由 ST 公司推出的新型驱动库,支持全系列 STM32 单片机产品,并且 HAL/LL 库直接嵌入了 ST 公司推出的集成开发环境(IDE)——STM32CubeIDE 中,用户可先进行图形化配置生成初始化代码,再完成 STM32 单片机其他代码的编写。实际上,大量的代码由 IDE 自动生成,真正实现了编程的半自动化,开发效率得到极大提高。本书采用的是 HAL/LL 库开发方式。

本书以项目化教学模式编写,每个项目分为若干个任务,每个任务分别基于仿真平台和实物进行开发与调试。仿真平台采用 Proteus 8.6 及以上版本,Proteus 的优势在于方便快捷,在缺乏实验条件的情况下,只需要一台计算机就可完成 STM32 单片机程序的开发与调试。实物采用百科荣创(北京)科技发展有限公司生产的嵌入式创新实验箱,在真实环境下验证 STM32 单片机程序的正确性。

本书针对高职院校学生的特点,做到理论知识适用、够用,专业技能实用、管用,密切联系实际,本书的主要特色如下。

(1) 采用"项目引领、任务驱动"的模式。将一个项目分为若干个任务,每个任务设置任务目标、任务说明或任务实现等。

(2) 采用企业真实任务,把知识、技能的学习融入任务完成过程中,真正实现"做中学,学中做"的教学理念。

(3) 每章前面设置"素养目标",后面设置"拓展阅读",体现文化自信、家国情怀、职业道德、工匠精神。

本书由陈明忠任主编,陈妍、陈麒、曾曦琳任副主编。具体编写分工如下:第 1 章、第 2 章和第 8 章由陈妍编写,第 3 章至第 6 章由陈明忠编写,第 7 章由曾曦琳编写,第 9 章由陈麒编写。本书由汕头职业技术学院陈明忠教授统阅定稿。在本书的编写和出版过程中得到了汕头职业技术学院、广州华立学院、百科荣创(北京)科技发展有限公司、清华大学出版社各位老师的大力支持,在此一并表示衷心感谢。

由于编者水平所限，书中如有不足之处，敬请使用本书的读者批评指正，以便修订时改进。如您在使用本书的过程中有其他意见或建议，恳请向编者踊跃提出宝贵意见。

编　者

2025 年 1 月

本书配套资源

目 录

第 1 章　进入 STM32 世界 ··· 001

  1.1　嵌入式系统简介 ··· 001
    1.1.1　嵌入式系统的定义 ·· 001
    1.1.2　嵌入式系统的组成 ·· 002
    1.1.3　嵌入式系统的应用领域 ·· 002
  1.2　ARM 和 STM32 单片机 ·· 003
    1.2.1　什么是 ARM ··· 003
    1.2.2　什么是 STM32 单片机 ··· 003
  1.3　STM32 单片机的引脚和内部结构 ··· 004
    1.3.1　引脚结构 ··· 004
    1.3.2　单片机最小系统 ·· 005
    1.3.3　STM32 内部结构 ··· 006
  1.4　STM32 程序的开发环境安装 ·· 008
    1.4.1　图形化配置工具：STM32CubeIDE ··· 008
    1.4.2　Keil MDK 开发环境 ··· 009
    1.4.3　虚拟仿真工具：Proteus ··· 009
    1.4.4　STM32F103 嵌入式实验箱 ·· 010
  1.5　Proteus 仿真工具的使用 ··· 010
    1.5.1　任务目标 ··· 010
    1.5.2　任务实现 ··· 011
  练习题 ·· 017

第 2 章　C 语言的高级应用 ··· 018

  2.1　与 Keil MDK 开发有关的重点知识 ·· 018
    2.1.1　带符号数的原码、反码、补码 ·· 018
    2.1.2　位运算符和位运算 ·· 018
    2.1.3　编译预处理 ··· 020
    2.1.4　外部变量 ··· 022
  2.2　用户自己建立数据类型 ··· 024
    2.2.1　使用 typedef 声明新类型 ··· 024
    2.2.2　使用结构体类型 ·· 024

        2.2.3 使用枚举类型 ··· 027
　2.3 指针认知 ·· 027
　练习题 ··· 030

第 3 章　LED 控制设计与实现 ··· 031

　3.1 LED 闪烁控制 ·· 031
        3.1.1 基于 Proteus 虚拟仿真的 LED 闪烁控制 ································ 031
        3.1.2 基于 STM32F103 嵌入式实验箱的 LED 闪烁控制 ···················· 037
　3.2 I/O 引脚的工作模式 ··· 039
        3.2.1 I/O 引脚的工作模式类别 ··· 039
        3.2.2 基于 HAL 库的工作模式表示 ·· 044
　3.3 LED 循环点亮控制 ··· 045
        3.3.1 基于 HAL 库的输入/输出函数 ··· 045
        3.3.2 基于 Proteus 虚拟仿真的 LED 循环点亮控制 ························· 046
        3.3.3 基于 STM32F103 嵌入式实验箱的 LED 循环点亮控制 ·············· 047
　3.4 LED 跑马灯控制 ·· 048
        3.4.1 基于 Proteus 虚拟仿真的 LED 跑马灯控制 ···························· 048
        3.4.2 基于 STM32F103 嵌入式实验箱的 LED 跑马灯控制 ················· 051
　练习题 ··· 052

第 4 章　数码管显示设计与实现 ··· 053

　4.1 数码管静态显示设计与实现 ··· 053
        4.1.1 数码管的结构和字形码 ··· 053
        4.1.2 基于 Proteus 虚拟仿真 ·· 055
　4.2 数码管动态显示设计与实现 ··· 057
        4.2.1 基于 Proteus 虚拟仿真数码管动态显示 ································ 057
        4.2.2 基于 STM32F103 嵌入式实验箱数码管动态显示 ···················· 059
　练习题 ··· 061

第 5 章　按键控制设计与实现 ··· 062

　5.1 按键抖动和消抖 ··· 062
        5.1.1 按键抖动 ··· 062
        5.1.2 消抖方法 ··· 063
　5.2 STM32 外部中断 ·· 063
        5.2.1 STM32 中断及分类 ·· 063
        5.2.2 STM32 外部中断原理 ··· 064
        5.2.3 STM32 的中断优先级 ··· 066
        5.2.4 基于 HAL 库的外部中断函数 ·· 067
　5.3 中断方式的按键控制 ··· 069

5.3.1 基于Proteus虚拟仿真的中断方式的按键控制 ………………………… 069
5.3.2 基于STM32F103嵌入式实验箱的中断方式的按键控制 ……………… 072
练习题 …………………………………………………………………………………… 075

第6章 STM32定时器应用设计与实现 …………………………………………… 077

6.1 STM32定时器介绍 ………………………………………………………………… 077
  6.1.1 认识STM32定时器 ………………………………………………… 077
  6.1.2 STM32定时器中与计数相关的寄存器 …………………………… 078
  6.1.3 与计数相关的STM32定时器函数 ………………………………… 079
6.2 LED单灯闪烁之定时器延时(阻塞方式) ……………………………………… 080
  6.2.1 定时器的阻塞方式和非阻塞方式 ………………………………… 080
  6.2.2 基于Proteus虚拟仿真的LED单灯闪烁控制 ……………………… 080
6.3 LED循环点亮之定时器延时(中断方式) ……………………………………… 082
  6.3.1 与中断相关的STM32定时器函数 ………………………………… 082
  6.3.2 基于Proteus虚拟仿真的流水灯控制 ……………………………… 084
  6.3.3 基于STM32F103嵌入式实验箱的流水灯控制 …………………… 087
6.4 PWM控制呼吸灯 ………………………………………………………………… 088
  6.4.1 STM32定时器的PWM输出 ………………………………………… 088
  6.4.2 PWM信号控制呼吸灯 ……………………………………………… 091
练习题 …………………………………………………………………………………… 095

第7章 串行通信设计与实现 ………………………………………………………… 097

7.1 STM32的串行通信 ………………………………………………………………… 097
  7.1.1 串行通信的基本知识 ……………………………………………… 097
  7.1.2 STM32与PC的串口通信 …………………………………………… 099
7.2 USART串口通信设计 …………………………………………………………… 101
  7.2.1 基于HAL库的串口数据收发函数 ………………………………… 101
  7.2.2 基于Proteus虚拟仿真的串口通信 ………………………………… 102
  7.2.3 基于STM32F103嵌入式实验箱的串口通信 ……………………… 106
7.3 基于终端显示的RTC时钟设计 ………………………………………………… 109
  7.3.1 RTC基础知识 ……………………………………………………… 109
  7.3.2 基于Proteus虚拟仿真的RTC实验 ………………………………… 111
  7.3.3 基于STM32F103嵌入式实验箱的RTC实验 ……………………… 115
7.4 基于IIC总线的OLED液晶屏显示 ……………………………………………… 116
  7.4.1 IIC总线 ……………………………………………………………… 116
  7.4.2 OLED12864液晶显示屏 …………………………………………… 117
  7.4.3 基于Proteus虚拟仿真的液晶屏显示 ……………………………… 118
练习题 …………………………………………………………………………………… 128

第8章 数模转换设计与实现 ... 129
8.1 SPI 总线和 DAC 芯片简介 ... 129
8.1.1 SPI 总线简介 ... 129
8.1.2 DAC 模块（MCP4921）简介 ... 130
8.2 DAC 数模转换实例 ... 131
练习题 ... 137

第9章 综合实训 ... 138
9.1 显示终端工作原理 ... 138
9.1.1 LCD12864 显示模块 ... 139
9.1.2 3.5 英寸 TFT 液晶屏模块 ... 146
9.2 PWM 控制直流电动机 ... 169
9.2.1 直流电动机与 H 桥电路 ... 169
9.2.2 基于 Proteus 虚拟仿真的直流电动机控制实训 ... 171
9.2.3 基于 STM32F103 嵌入式实验箱的直流电动机控制实训 ... 178
9.3 STM32 单片机超声波测距 ... 184
9.3.1 超声波测距原理 ... 184
9.3.2 超声波测距公式验证 ... 185
9.3.3 基于 Proteus 虚拟仿真的超声波测距 ... 187
9.3.4 基于 STM32F103 嵌入式实验箱的超声波测距 ... 200
练习题 ... 210

参考文献 ... 211

第 1 章

进入 STM32 世界

本章是嵌入式技术学习的先导篇,介绍嵌入式系统的基础知识、STM32 单片机的引脚结构和单片机最小系统,阐述 STM32 程序的 4 种开发环境,并重点讲解使用 Proteus 软件绘制仿真电路图的方法。

知识目标
(1) 了解嵌入式系统的定义和应用领域。
(2) 熟悉 STM32 单片机的命名规则。
(3) 掌握单片机最小系统的设计。
(4) 了解 STM32 单片机的内部结构。

技能目标
(1) 学会 Keil MDK 开发环境的搭建。
(2) 能使用 Proteus 仿真软件绘制电路原理图。

素养目标
落实立德树人根本任务,提高学生的社会责任感和公民意识,让学生认识到嵌入式系统的应用不仅需要技术能力,还需要道德、法律等方面的素养,以保障公民的权益和社会利益。

1.1 嵌入式系统简介

嵌入式系统是一种电子设计方法,通过将微型计算机嵌入电子产品内部实现。嵌入式系统并没有一个非常明确的定义,但是几乎所有的现代计算机系统,除了个人计算机(PC)和服务器等专用计算机外,都可以被视为嵌入式系统,如空调、冰箱、洗衣机、智能手机、智能手表等。嵌入式系统表示将计算机系统嵌入其他电子产品中。

1.1.1 嵌入式系统的定义

嵌入式系统是以应用为中心,以现代计算机技术为基础,能够根据用户需求(功能、可靠性、成本、体积、功耗、环境等)灵活裁剪软硬件模块的专用计算机系统。关键词解释如下。

(1) 以应用为中心:强调嵌入式系统的目标是满足用户的特定需求。就绝大多数完整的嵌入式系统而言,用户打开电源即可直接享用其功能,无须二次开发或仅需少量配置操作。

(2) 专用性：由于嵌入式系统通常是面向某个特定应用的，所以嵌入式系统的硬件和软件，尤其是软件，都是为特定用户群设计的。

(3) 软硬件可裁剪：从嵌入式系统专用性的特点来看，嵌入式系统的供应者理应提供各式各样的硬件和软件以备选用，力争在同样的硅片面积上实现更高的性能，这样才能在具体应用中更具竞争力。

1.1.2 嵌入式系统的组成

嵌入式系统是集软硬件于一体的、可独立工作的计算机系统，其组成如图1-1所示。

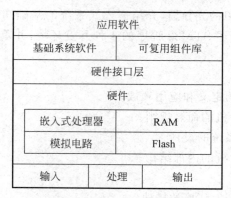

图 1-1 嵌入式系统组成

硬件系统主要包括：嵌入式处理器、存储器、模拟电路、电源、接口控制器、接插件等，嵌入式处理器是嵌入式系统的核心，分为嵌入式微控制器(MCU，又叫单片机)、嵌入式微处理器(MPU)、嵌入式DSP处理器(DSP)、嵌入式片上系统(system on chip)。软件系统主要包括基础系统软件、可复用组件库、应用软件等。

1.1.3 嵌入式系统的应用领域

嵌入式系统在多个领域都有广泛的应用，以下是一些具体的例子。

(1) 工业：嵌入式系统在工业自动化中控制和监测机器人、生产线等设备，提升生产效率和质量。

(2) 医疗：嵌入式系统帮助实现医疗设备的智能化和便捷化，如心电监测仪、血糖仪等。

(3) 家庭：利用嵌入式系统的高效性能和智能化特性，实现家用电器集中控制和管理。家庭安防系统中的监控摄像头和报警器等设备也基于嵌入式系统设计，提供全方位安全保障。

(4) 交通：嵌入式系统在智能交通系统中负责优化控制、实时公交信息显示、车辆定位和导航等，提高交通效率并减少拥堵。

(5) 教育：嵌入式系统也在教育领域有所应用，如学生成绩跟踪和管理软件，以及交互式教学设备等。

(6) 航空航天：嵌入式系统在飞行控制系统、地面控制系统和通信系统中发挥作用，确保飞机安全和精确操控。

（7）国防：嵌入式系统在导弹、雷达、无人机、潜艇等领域扮演关键角色，涉及制导控制、指挥调度、侦察监视等功能。

（8）其他：嵌入式系统还被应用于金融、能源、公共设施管理等众多领域，不断拓展其应用范围和技术深度。

1.2 ARM和STM32单片机

1.2.1 什么是ARM

ARM 是 advanced RISC machine 的缩写，既代表一家公司，全球领先的半导体知识产权提供商，从事基于 RISC 技术的芯片标准的设计；又代表一种技术，具有高性能、低成本、低功耗的特点；还是一类微处理器的统称。

Cortex 是 ARM 公司推出的新一代处理器（类似 Intel 推出的"奔腾"处理器），Cortex 现有 3 种系列：Cortex-A 系列面向高性能计算应用，如智能手机、平板电脑、服务器等；Cortex-R 系列面向实时性要求较高的嵌入式应用，如汽车电子、工业控制等；Cortex-M 系列面向低功耗、低成本的微控制器，如 STM32 微控制器。

1.2.2 什么是STM32单片机

STM32 单片机（又称 STM32 芯片、STM32 微控制器）是意法半导体有限公司（ST 公司）推出的基于 ARM Cortex-M 架构的 32 位微控制器。

ST 公司是一家著名的芯片公司，根据 ARM 公司提供的芯片内核标准设计自己的芯片，既推出 STM32 芯片，又推出软件库：2007 年 10 月推出 STM32 标准库，实现基于标准库的 STM32 程序开发；2019 年 4 月推出 STM32CubeIDE，实现基于 HAL/LL 库的 STM32 程序开发，自动生成 STM32 程序初始化代码，减轻程序员的工作负担。

1. STM32 单片机系列

STM32 单片机主要包括以下系列。

（1）主流产品：如 STM32F0、STM32F1、STM32F3，这些型号提供了广泛的功能和性能，适合多种应用场景。

（2）超低功耗产品：如 STM32L0、STM32L1、STM32L4、STM32L4＋，这些型号特别注重节能设计，适用于对电源管理有较高要求的场合。

（3）高性能产品：如 STM32F2、STM32F4、STM32F7、STM32H7，这些型号提供强大的处理能力和丰富的外设接口，适用于高性能计算需求的应用。

2. STM32 单片机的命名规则

每种系列的 STM32 单片机又分为多个型号，如 STM32F1 系列又分为 STM32F103R6、STM32F103VCT6 等型号。单片机型号体现了单片机的封装形式、引脚数量、静态随机存储器（SRAM）、闪存（Flash）、工作温度范围等特性。下面以 STM32F103VCT6 为例介绍 STM32 型号中各部分的含义，如表 1-1 所示。

表 1-1　STM32 单片机型号中各部分的含义

序号	组成部分	具体含义
1	STM32	代表 ST 公司出品的基于 ARM Cortex-M 架构的 32 位微控制器
2	F	代表产品类别,如 F 代表基础型,L 代表超低功耗
3	103	代表产品系列,如 103 代表基础型,407 代表高性能
4	V	代表引脚数量,R 代表 64 脚,V 代表 100 脚,Z 代表 144 脚
5	C	代表 Flash 容量,如 6 代表 32KB,8 代表 64KB,B 代表 128KB,C 代表 256KB,E 代表 512KB,G 代表 1MB
6	T	代表 MCU 的封装,如 H 代表 BGA 封装,T 代表 LQFP 封装
7	6	代表 MCU 的温度范围,6 代表 −40～85℃,7 代表 −40～105℃

1.3　STM32 单片机的引脚和内部结构

1.3.1　引脚结构

本书选择的 STM32 的型号是 STM32F103R6,其引脚排布及外形如图 1-2 所示。

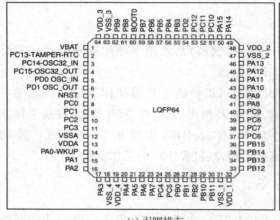
(a) 引脚排布

(b) 外形

图 1-2　STM32F103R6 单片机引脚排布及外形

STM32F103R6 单片机有以下 64 个引脚。

(1) 电源引脚(11 个):VDD_1～VDD_4、VSS_1～VSS_4、VDDA、VSSA、VBAT。①

(2) 输入/输出引脚(51 个):PA0～PA15、PB0～PB15、PC0～PC15、PD0～PD2。

(3) 复位引脚 NRST。

(4) 启动引脚:BOOT0、BOOT1(与 PB2 共用)。

(5) 时钟源输入/输出引脚:OSC_IN(与 PD0 共用)、OSC_OUT(与 PD1 共用)、OSC32_IN(与 PC14 共用)、OSC32_OUT(与 PC15 共用)。

---

① 文中对引脚的描述保持与芯片上标注的一致,下同。

1.3.2 单片机最小系统

单片机最小系统是指单片机芯片及维持单片机运行至少需要的外部条件。在 STM32F103R6 单片机最小系统中,除 STM32F103R6 芯片外,还包含以下 4 个部分。

1. 电源

(1) VDD_1~VDD_4 为数字量电源正极,内部连通;VSS_1~VSS_4 为数字量电源负极,内部连通。

(2) VDDA、VSSA,模拟量电源正、负极,若不需要 A/D 转换或对模拟量精度要求不高时,可以直接与数字量电源正负极相连。

(3) VBAT 作为电池正极输入端,一般用于 RTC(实时时钟)供电。若不需要 RTC 供电,则直接与数字量电源正极相连。通常给定电源电压为 3.3V。

2. 复位电路

STM32 的复位方式有系统复位、上电复位、备份区域复位 3 种,其中系统复位又分为外部复位、WWDG(窗口看门狗)复位、IWDG(独立看门狗)复位、软件复位、低功耗管理复位 5 种,这里仅介绍其中的外部复位。

外部复位电路如图 1-3 所示,当系统上电或在运行过程中,按图 1-3 所示的 Reset(复位)键时,STM32 可按 BOOT 模式的设定进行复位。

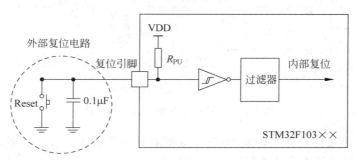

图 1-3 STM32 单片机的外部复位电路

3. 启动模式配置电路

STM32F103 系列单片机有 3 种启动模式,分别为主 Flash 存储器、系统存储器和内置 SRAM,如表 1-2 所示。

表 1-2 启动模式配置方法

启动模式选择引脚		启动模式	说明
BOOT1	BOOT0		
X	0	主 Flash 存储器	最常见的启动模式,用户程序首先下载到 Flash 中,按复位键立即启动
0	0	系统存储器	较常见的启动模式,进入 ST 公司预置的 BootLoader(启动加载程序),然后从串口下载用户程序
1	1	内置 SRAM	较少用,一般用于调试

STM32F103R6 单片机的 BOOT0 引脚号为 60,BOOT1 引脚号为 28。

4. 时钟电路

STM32 单片机的时钟源输入/输出引脚共有 4 个,可划分为以下 2 组。

(1) OSC_IN、OSC_OUT 引脚用于连接 HSE(high speed external clock,高速外部时钟,一般指高速外部晶振),HSE 可选频率为 4~16MHz,典型值 8MHz。

(2) OSC32_IN、OSC32_OUT 引脚用于连接 LSE(low speed external clock,低速外部时钟,一般指低速外部晶振),LSE 典型值 32.768kHz,用于向 RTC 提供震荡源,通常不接。

图 1-4 为 STM32 单片机外接晶振电路。

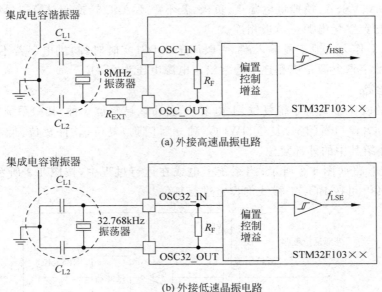

(a) 外接高速晶振电路

(b) 外接低速晶振电路

图 1-4 STM32 单片机外接晶振电路

无论是高速晶振还是低速晶振,当设计方案对时钟源精度要求不高时,可以用 STM32 单片机内部 RC 振荡器来代替外部晶振。HSI(high speed internal clock,高速内部时钟,一般指高速内部 RC 振荡器)的频率固定为 8MHz,LSI(low speed internal clock,低速内部时钟,一般指低速内部 RC 振荡器)的频率固定为 40kHz。

STM32 单片机最小系统典型电路如图 1-5 所示,在实际应用中,可根据需要对电路进行修改。

1.3.3 STM32 内部结构

STM32 内部集成了各种部件:内核(core)、系统时钟发生器、SysTick(system tick timer)、复位电路、Flash、SRAM、中断控制器、DIO(安全数字输入/输出)。

在高级外围总线 APB2(advanced peripheral bus)上挂接了高速外设(频率高达 72MHz):3~5 组 GPIO(general purpose input/output,通用型输入/输出)、AFIO(alternate function input/output,复用功能输入/输出)、ADC(analog-to-digital converter,模拟数字转换器)、USART1(universal synchronous/asynchronous receiver/transmitter,通用同步/异步收发器)、定时器(TIM1、TIM8)。

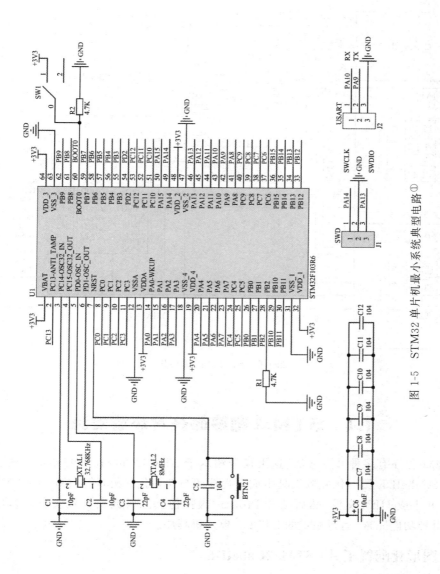

图 1-5 STM32 单片机最小系统典型电路[1]

---

① 仿真图中的电气符号和变量标注等保持与软件中一致,下同。

在高级外围总线 APB1 上挂接了低速外设(频率高达 36MHz)：DAC(数模转换器)、IIC(内部集成电路)、SPI(串行外围接口)、USART2～5、定时器(TIM2～7)、CAN(控制器区域网络)。

挂接在 STM32 芯片外围总线上的高、低速外设,统称为内置外设,如 USART1、TIM1等。内置外设引脚与 GPIO 引脚直接连接,是 STM32 芯片的组成部件。

STM32 内部结构如图 1-6 所示。

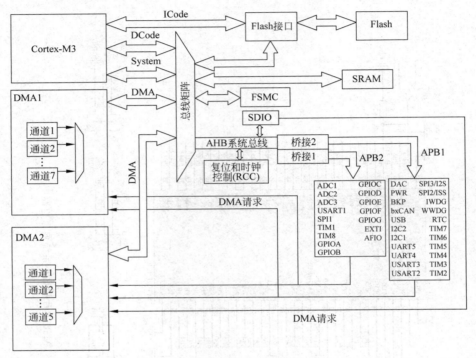

图 1-6 STM32 内部结构

1.4 STM32 程序的开发环境安装

STM32 程序有多种开发方法,这里仅介绍基于 STM32CubeIDE 的开发方法。首先使用 STM32CubeIDE 图形化配置工具生成工程框架与初始化代码,随后使用 Keil MDK 工具编写代码并生成 HEX 文件,然后结合 Proteus 虚拟仿真工具或实验板实物对程序进行调试,直至得到功能完善、运行稳定的 STM32 单片机程序。

1.4.1 图形化配置工具：STM32CubeIDE

STM32CubeIDE 是 ST 公司 2019 年 4 月推出的免费的图形化配置工具。STM32CubeIDE 由 2 个工具软件整合而成：一个是 STM32CubeMX,主要用于自动生成 STM32 程序初始化代码,减轻程序员的工作负担；另一个是 ARM 编程工具 TrueSTUDIO,主要用于编写 STM32 程序代码。

STM32CubeMX 内置 HAL/LL 驱动库,除了支持 TrueSTUDIO 外,还支持 Keil MDK、IAR 等主流 IDE。

安装 STM32CubeMX 的过程：首先下载 SetupSTM32CubeMX-6.7.0-Win.exe 安装包，随后在上网的环境下，双击 SetupSTM32CubeMX-6.7.0-Win.exe，按默认安装即可。

1.4.2 Keil MDK 开发环境

Keil 是一款嵌入式开发软件，以 μVision 作为集成开发环境，C/C++作为编译工具。Keil 针对不同类型单片机，推出了 4 款常用版本：Keil MDK、KEIL C51、KEIL C166、KEIL C251。

2005 年 Keil 公司被 ARM 公司收购，成为 ARM 的一个子公司。因此，Keil MDK 又称 MDK-ARM、Realview MDK。

搭建 Keil MDK 开发环境的步骤如下：

（1）下载 MDK_5 开发环境，包括①Keil 编译器：MDK-523.exe；②标准库安装包：Keil.STM32F1xx_DFP.1.1.0.pack、Keil.STM32F4xx_DFP.1.0.8.pack；③Keil 注册机：keygen.exe；④J-Link 烧写软件：Setup_JLinkARM_V478j.exe。

（2）安装 Keil MDK 编译器：双击 MDK-523.exe。

（3）分别双击标准库安装包：Keil.STM32F4xx_DFP.1.0.8.pack、Keil.STM32F1xx_DFP.1.1.0.pack。

（4）取出软件许可证：双击 keygen.exe，并对 Keil5 进行注册。

① 以管理员身份运行 Keil，选择 File→Licance Management 菜单命令，复制 CID（许可证唯一标识）。

② 以管理员身份打开 keygen.exe，粘贴 CID，选择 ARM，单击 Generate 按钮，得到注册号并复制。

③ 在 Licance Management 对话框中粘贴注册号，单击"添加"按钮进行注册。

（5）双击"J-Link 烧写软件\Setup_JLinkARM_V478j.exe"，安装 J-Link 仿真器驱动程序。

（6）使用 ARM 仿真器将 PC 的 USB 口和嵌入式实验箱中 STM32F103 核心版的 SWD 口连接起来。右击"此电脑"，选择"属性"→"设备管理器"→"通用串行总线控制器"，直到看见 J-Link driver 字样，如图 1-7 所示。

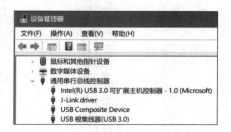

图 1-7　显示 J-Link driver

1.4.3 虚拟仿真工具：Proteus

Proteus 软件是英国 Lab Center Electronics 公司推出的 EDA（electronic design automation，电子设计自动化）工具软件。它不仅具有其他 EDA 工具软件的仿真功能，还能仿真单片机及外围器件。Proteus 支持电路原理图设计、电路仿真及 PCB（printed circuit board，印刷电路板）设计等"三合一"设计。Proteus 建立了完备的电子设计开发环境，功能十分强大，不仅可以仿真 51 系列、AVR、PIC、ARM 等主流单片机，还可以直接在基于原理图的虚拟原型上编程，再配合显示及输出，能看到运行后输入/输出的效果。

安装、汉化 Proteus 的过程：首先下载 Proteus 8.13 SP0 Pro.exe 安装包和 proteus 汉化包；然后双击 Proteus 8.13 SP0 Pro.exe，按默认安装，完成后生成 Proteus 8 Professional 文件夹；最后将"proteus 汉化包\Translations"代替"Proteus 8 Professional\Translations"。

1.4.4 STM32F103 嵌入式实验箱

生产嵌入式实验箱的厂商不少,本书采用百科荣创(北京)科技发展有限公司生产的"嵌入式创新实训系统",内含 1 块 STM32F103 核心板和 20 多块功能模板,其中 STM32F103 核心板的核心部件是 STM32F103VCT6。

1.5 Proteus 仿真工具的使用

1.5.1 任务目标

使用 Proteus 软件绘制如图 1-8 所示的 LED 控制电路,存入"E:\DL.Pdsprj"中,其中的虚拟元器件如表 1-3 所示。

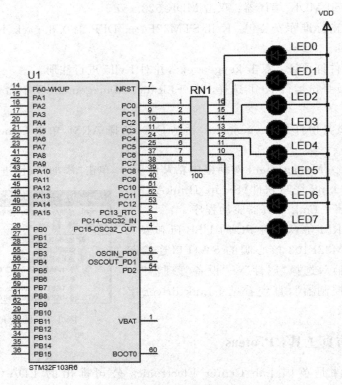

图 1-8 LED 控制电路

表 1-3 LED 控制电路中的虚拟元器件

名 称	说 明	模 式
STM32F103R6	单片机	元件模式
RX8	排阻	元件模式
LED-GREEN	绿色发光二极管	元件模式
VDD	电源	终端模式

1.5.2 任务实现

1. 新建 Proteus 工程

双击 Proteus 8 Professional 桌面图标,打开主界面,选择"新建工程"菜单命令,显示"新建工程向导"对话框,如图 1-9 所示,输入工程名称和路径。

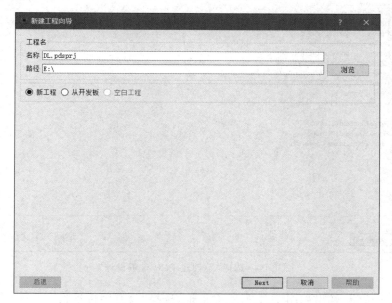

图 1-9 "新建工程向导"对话框

单击 Next 按钮,弹出如图 1-10 所示对话框,先选择"从选中的模板中创建原理图",然后选择 DEFAULT 模板。

图 1-10 选择"从选中的模板中创建原理图"

单击 Next 按钮，弹出如图 1-11 所示对话框，选择"不创建 PCB 布版设计"。

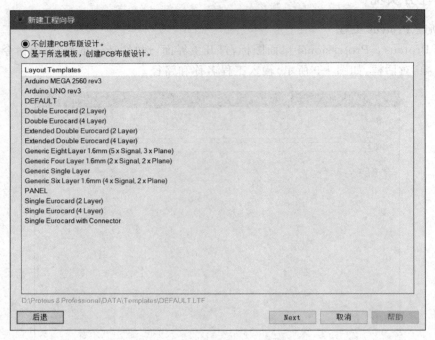

图 1-11　选择"不创建 PCB 布版设计"

单击 Next 按钮，弹出如图 1-12 所示对话框，选择"没有固件项目"。

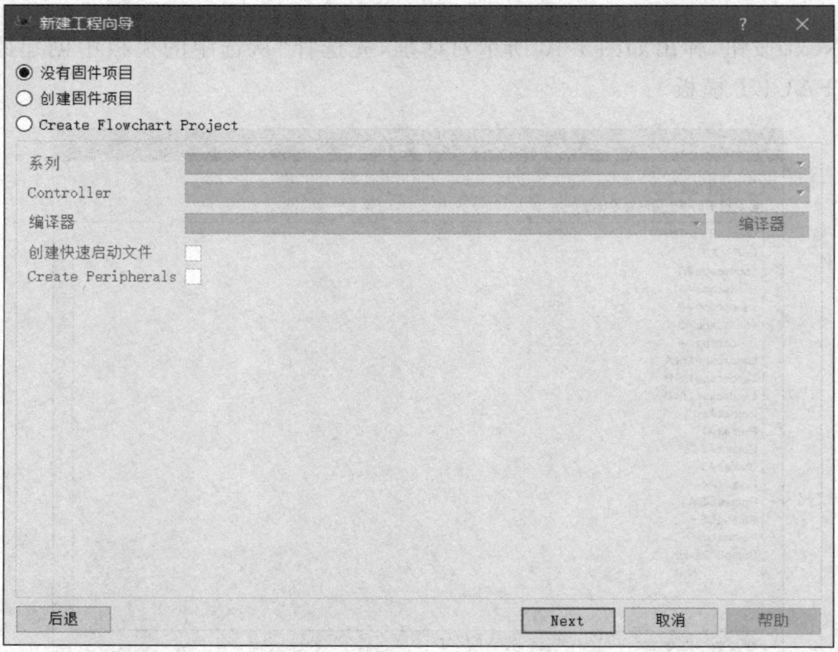

图 1-12　选择"没有固件项目"

单击 Next 按钮,再单击 Finish 按钮。

2. 编辑窗口和图纸

屏幕显示最大的区域称为编辑窗口,这将是你放置和连接元器件的区域,绿色边框(外边框)规定了编辑窗口的大小;蓝色边框(内边框)规定了当前图纸的大小,这是绘制原理图的地方。在屏幕左上方的那个较小的区域称为预览窗口。预览窗口用来预览当前的设计图,然而,当从对象选择器中选择一个新对象时,预览窗口则是用于预览这个被选中的对象。如图 1-13 所示。

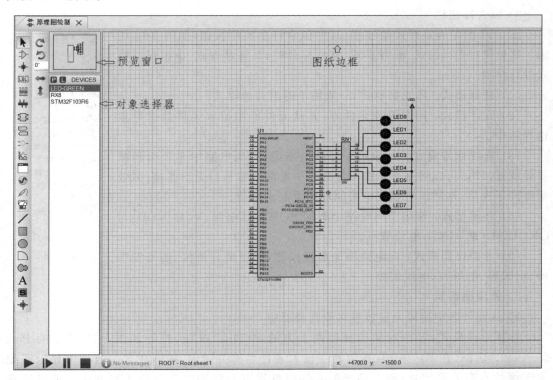

图 1-13　原理图绘制窗口

在对象选择器或在预览窗口右击,将出现一个弹出菜单,其中包括"自动隐藏"选项。选择自动隐藏预览窗口和对象选择器,将使编辑窗口占有最大的可视面积,对绘制原理图有很大的帮助。选择了自动隐藏功能后,对象选择器和预览窗口将最小化为一个弹出框。

1) 设置图纸尺寸

单击"系统"→"设置纸张大小"菜单命令,在弹出的"页大小配置"对话框中选择 A4 图纸尺寸或自定义尺寸后单击"确定"按钮。默认为 A4 纸。

2) 图纸的缩放

有以下两种方法可以对图纸进行缩放。

(1) 将鼠标指针放到编辑窗口中,滚动鼠标滚轮对图纸进行缩放。

(2) 使用工具条中的 ⊕ ⊖ ,可分别对图纸进行放大、缩小、查看整张图纸。设图纸默认为 A4 纸。

单击一次 ⊕ 按钮,图纸从 A4 纸放大为 A3 纸。

单击一次 🔍 按钮,图纸从 A3 纸缩小为 A4 纸。

单击一次 🔍 按钮,不管图纸原来大小如何,均恢复为 A4 纸。

3)图纸的平移

将鼠标指针放到编辑窗口中,按住鼠标滚轮对图纸进行平移。

4)为编辑窗口切换网格

单击"视图"→"切换网格"菜单命令,显示网格(再次单击,隐藏网格)。单击"切换网格"→Snap xxth(或 Snap x.xin),可改变网格单位,默认为 Snap 0.1in。

5)模式按钮栏

图 1-13 的左边是模式按钮栏,其中包含许多实用按钮,如图 1-14 所示。这里仅对选择模式、元件模式、连线标号模式、终端模式、虚拟仪器模式进行介绍。

(1)选择模式:即光标模式,一般用于退出其他模式。

(2)元件模式:用于管理元件库,并从元件库中拾取元件放进对象选择器中。

(3)连线标号模式:一般用于复杂电路设计,当电路中多个引脚需要导线连接时,可以将多个引脚标注为同一个网络编号而无须连接,但效果等同于连接,这样做可以使电路原理图看起来整洁。

(4)终端模式:常用于向电路中添加 POWER(电源,VCC/VDD)与 GROUND(地,GND)电位节点。

图 1-14 模式按钮栏

(5)虚拟仪器模式:向电路添加虚拟仪器,如逻辑分析仪、信号发生器、示波器、电压表、电流表等。

3. 原理图绘制

1)从元件库中拾取元件放进对象选择器中

选择元件模式,单击对象选择器左上方的 P(Pick)按钮,打开如图 1-15 所示的 Pick Devices 对话框,在 Keywords 搜索栏中输入元件名称关键词,随即在 Result 栏中显示匹配关键词的所有元件信息,双击需要的元件信息将该元件添加到对象选择器中。值得注意的是,只有在预览窗口内显示 Schematic Model(原理图模型)字样的元件才具有仿真功能。

这里需要放进对象选择器的元件名称有 STM32F103R6、RX8、LED-GREEN。

2)在原理图中放置元件和器件

首先选择元件模式或其他模式,在对象选择器中依次选择所需元器件,在图纸的适当位置单击,当出现元器件虚影后,再次单击,元器件将被放置到图纸的相应位置上。

3)为元件、器件命名

依次选中图纸上的元器件,右击,在弹出的快捷菜单中选择"编辑属性"命令,打开如图 1-16 所示的"编辑元件"对话框,修改"元件位号"后单击"确定"按钮。

系统预定义以下三种电源终端。

(1)GND:表示公共接地端,有时写成 VSS(S=Series,公共)。

(2)VCC/VDD:VCC 表示电路的工作电压(C=Circuit,电路),VDD 表示器件工作电压(D=Device,器件),在数字电路中,VCC 大多是 3.3V 或 5V,VDD 大多为 1.8~3.3V。

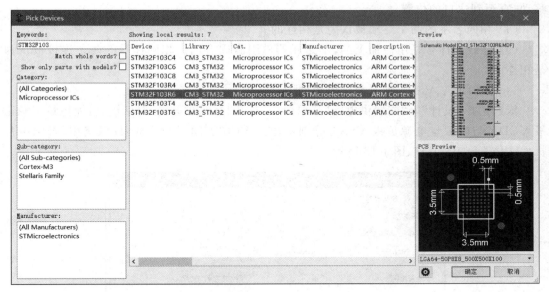

图 1-15 Pick Devices 对话框

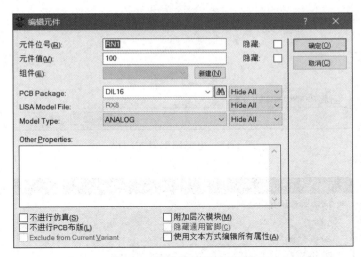

图 1-16 "编辑元件"对话框

(3) VEE：发射极电源电压（E=Emitter），一般指负电源电压。

当终端未命名时，电源终端默认为 VCC，接地终端默认为 GND。

4) 电路连线

放置好元器件以后，就可以开始连线了。连线时需要注意如下几点。

(1) 鼠标指针指向引脚或导线的某个位置时，若呈铅笔状，该位置才能作为连线的起始点。

(2) 连线时，将鼠标指针指向起始点，按住左键移动鼠标，当鼠标指针到达目的点时再单击一次左键。

(3) 当起始点和目的点不在同一水平线或垂直线时，连线将随着鼠标指标以直角方式移动，直至到达目的位置。

（4）相同名字的两个终端被认为是相连的。

（5）连线的标号是用户加上的，不是元器件引脚固有的。相同标号的两条连接被认为是相连的。

5）将 VDDA、VSSA 加入相应电源网中

依次选择"设计"→"配置供电网"菜单命令，打开"电源线配置"对话框，将模拟量电源正极 VDDA 与模拟量电源负极 VSSA 分别添加到 VCC/VDD 网络、GND 网络中，否则单片机无法仿真，如图 1-17、图 1-18 所示。

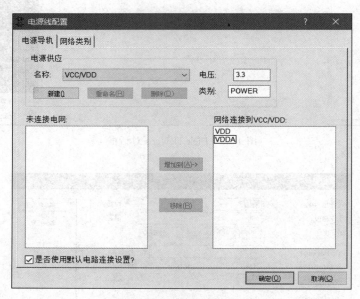

图 1-17　电源网配置 VDDA

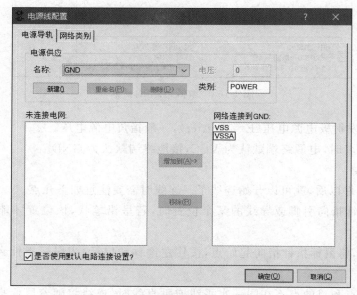

图 1-18　电源网配置 VSSA

实时性是嵌入式系统最为突出的特性

实时性是嵌入式系统最为突出的特性。它意味着系统能够在特定的时间内完成任务，及时对外部事件做出响应。在工业控制领域，例如自动化生产线中的机器人，嵌入式系统需要实时监测传感器数据，精确控制机器人的运动轨迹和操作，确保每个动作的准确性和连贯性，任何微小的延迟都可能导致生产事故或产品质量问题。汽车电子系统也是如此，发动机管理单元（ECU）必须实时监控发动机的各项参数，如转速、油温、油压等，并根据这些参数迅速调整燃油喷射量、点火时机等，以保证发动机的高效运行和车辆的安全性能。

嵌入式系统实现实时性的方式多种多样。首先，在硬件层面，采用高性能的处理器和快速的存储设备，能够提高数据处理和指令执行的速度。例如，一些专门为实时应用设计的微控制器，具有优化的指令集和硬件架构，能够快速响应中断请求，减少任务切换的时间开销。其次，在软件层面，采用实时操作系统（RTOS）是常见的做法。实时操作系统通过任务调度算法，根据任务的优先级和时间要求，合理分配 CPU 时间，确保关键任务能够优先执行并按时完成。

（资料来源：华东子. 嵌入式系统：智能设备的"幕后功臣"［EB/OL］.（2024-12-30）［2025-01-02］. https://zhuanlan.zhihu.com/p/14032619644.）

练 习 题

一、填空题

1. 将_____嵌入电子产品内部，就成为嵌入式系统。

2. STM32 芯片是_____公司（英文缩写）根据_____公司（英文缩写）提供的 Cortex-M 架构设计的_____位微控制器。

3. STM32F103VCT6 芯片有_____个引脚，Flash 容量为_____；STM32F103R6 芯片有_____个引脚，Flash 容量为_____。

4. 挂接在 STM32 芯片外围总线（APB1、APB2）上的功能模块，统称为_____。

二、简答题

1. STM32 单片机程序有哪两种开发方法？

2. 单片机最小系统包括哪些部件？

第 2 章

C语言的高级应用

C语言是STM32单片机的主流开发语言。本章对STM32单片机程序开发过程中涉及的C语言高级知识,如位运算、编译预处理、外部变量、结构体、指针等进行系统介绍,突出它们的实际应用。本章选择Visual C++ 6.0作为C程序的开发工具。

已经掌握C语言高级知识的读者可以直接跳过本章。

知识目标

(1) 掌握带符号数的原码、反码、补码的计算方法。

(2) 掌握位运算、编译预处理、外部变量等概念和使用方法。

(3) 掌握结构体、指针等概念和使用方法。

技能目标

(1) 能使用结构体、指针编写C程序。

(2) 能看懂STM32单片机程序中涉及结构体、指针的代码。

(3) 能理解STM32单片机程序中涉及位运算、编译预处理、外部变量的代码。

素养目标

培养学生温旧知新的学习习惯和严谨治学的科学精神,提高学生独立分析和解决实际问题的能力。

2.1 与Keil MDK开发有关的重点知识

2.1.1 带符号数的原码、反码、补码

1. 正数的原码、反码、补码相同

最高位为符号位(正号写成0),数值位化为二进制。

例如,5的8位原码、反码、补码均为00000101。

2. 负数的原码、反码、补码不同

负数的原码:最高位为符号位(负号写成1),数值位化为二进制。

负数的反码:将原码中除符号位以外的每一位取反。

负数的补码:反码+1。

例如,−5的8位原码、反码、补码分别为10000101、11111010和11111011。

2.1.2 位运算符和位运算

C语言提供的位运算符如表2-1所示。

表 2-1　C 语言提供的位运算符

运算符	名称	运算规则	应用范围
&	按位与	只要有 1 位为 0，按位与的结果就为 0	无符号数
|	按位或	只要有 1 位为 1，按位或的结果就为 1	无符号数
<<	左移	$a<<n$：将 a 的各二进制位左移 n 位，相当于将 a 乘以 2^n	无符号数、带符号数
>>	右移	$a>>n$：将 a 的各二进制位右移 n 位，相当于将 a 除以 2^n	无符号数、带符号数
~	按位取反	① 对带符号数求补码，对补码按位取反（包括符号位）； ② 若按位取反后的补码为正数，则直接求原码； ③ 若按位取反后的补码为负数，则减 1 先得到反码，然后由反码求原码	带符号数

1. 按位与

例：3 & 5 = 1

```
    0 0 1 1
(&) 0 1 0 1
    -------
    0 0 0 1
```

2. 按位或

例：3 | 5 = 7

```
    0 0 1 1
(|) 0 1 0 1
    -------
    0 1 1 1
```

3. 左移

例：9 << 3 = 72

1001 → 1001000

4. 右移

例：72 >> 3 = 9

1001000 → 1001

5. 按位取反

按位取反步骤如下。

(1) 对带符号数求补码，对补码按位取反（包括符号位）。

(2) 若按位取反后的补码为正数，则直接求原码。

(3) 若按位取反后的补码为负数，则减 1 先得到反码，然后由反码求原码。

例：+9 的按位取反。

补码：	0000 1001
按位取反后的补码：	1111 0110
减 1 得反码：	1111 0101
原码：	1000 1010
真值：	−10

例：−9 的按位取反。

补码：	1111 0111
按位取反后的补码：	0000 1000
原码：	0000 1000
真值：	8

【例 2-1】编写 C 程序验证上面的结果。

```
void main()
{   printf("%d\n",3&5);
    printf("%d\n",3|5);
    printf("%d\n",9<<3);
    printf("%d\n",72>>3);
    printf("%d\n",~9);
    printf("%d\n",~(-9));
}
```

2.1.3 编译预处理

所谓编译预处理,就是在对 C 源程序编译之前做一些处理,生成扩展的 C 源程序。C 语言允许在程序中使用 3 种编译预处理命令,即宏定义、文件包含和条件编译。为了与 C 语言中的语句相区别,编译预处理命令以"#"开头。

1. 宏定义

1) 不带参数的宏定义

格式:

```
#define 宏名   字符串
```

功能:预编译时,将宏调用语句中的宏名替换成字符串。

【例 2-2】 使用不带参数的宏。

```
#define PI 3.14
void main()
{   float r,p,s;
    scanf("%f",&r);
    p=2*PI*r;
    s=PI*r*r;
    printf("圆的周长为%f,面积为%f\n",p,s);
}
```

说明:

(1) 宏名一般用大写字母表示,以便与变量名相区别,但并非硬性规定,也可用小写字母。

(2) 宏定义不是 C 语句,不必在行末加分号。

(3) 预编译时,将宏调用语句中的宏名替换成字符串的过程称为宏展开。

在例 2-2 程序中,宏调用语句:p=2*PI*r;s=PI*r*r;经过宏展开后变为

```
p=2*3.14*r;
s=3.14*r*r;
```

2) 带参数的宏定义

格式:

```
#define 宏名(形参表)   字符串
```

功能:预编译时,用宏调用语句中的实参替换宏定义中的形参,改写后面的字符串;并用改写后的字符串替换宏调用语句中带参数的宏名。

注意:在宏定义时,宏名与带参数的括号之间不应加空格,否则将空格以后的字符都作为替代字符串的一部分。例如,带参数的宏定义 #define S(a,b) a*b,若写成:#define S (a,b) a*b,就认为 S 是不带参数的宏名了。

【例 2-3】 使用带参数的宏(1)。

```
#define S(a,b) a*b
void main()
```

```
{   int area;
    area=S(3,4);
    printf("矩形的面积为%d\n",area);
}
```

在例 2-3 程序中,宏调用语句 area=S(3,4);经过宏展开后,变为

```
area=3*4;
```

【例 2-4】 使用带参数的宏(2)。

```
#define  S(r) 3.14*(r)*(r)
void main()
{   float area,a,b;
    scanf("%f%f",&a,&b);
    area=S(a+b);
    printf("圆形的面积为%f\n",area);
}
```

在例 2-4 程序中,宏调用语句 area=S(a+b);经过宏展开后,变为

```
area=3.14*(a+b)*(a+b);
```

2. 文件包含

所谓文件包含,是指一个源文件可以将另一个源文件的全部内容包含进来,其一般形式为

```
#include "文件名"
```

或

```
#include <文件名>
```

图 2-1 表示文件包含的含义。图 2-1(a)为文件 F1.c,它有一个♯include<F2.c>命令,以及其他内容(以 A 表示)。图 2-1(b)为另一个文件 F2.c,文件内容以 B 表示。在编译预处理时,要对♯include<F2.c>命令进行处理:将 F2.c 的全部内容复制到♯include<F2.c>命令处,并覆盖♯include<F2.c>命令行,得到图 2-1(c)的结果。在编译时,对编译预处理后的 F1.c(图 2-1(c))作为一个源文件进行编译。

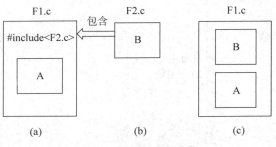

图 2-1 文件包含的含义

在 STM32 工程中，一个源文件 File 通常分为两个文件：File.h、File.c，其中 File.h 文件主要包含函数的原型说明；File.c 文件包含函数的定义和变量定义，然后在 File.c 文件首部加入♯include "File.h"。

3. 条件编译

一般情况下，源程序中所有行都参加编译，但是有时希望程序中一部分内容只在满足一定条件时才进行编译，也就是对这一部分内容指定编译的条件，这就是条件编译。有时，希望在满足某条件时对某一组语句进行编译，而当条件不满足时则编译另一组语句。

条件编译有以下几种格式。

格式 1：

```
#ifdef 标识符
    程序段 1
#else
    程序段 2
#endif
```

功能：若标识符被定义过，则编译程序段 1，否则编译程序段 2。

格式 2：

```
#ifndef 标识符
    程序段 1
#else
    程序段 2
#endif
```

功能：若标识符未被定义过，则编译程序段 1，否则编译程序段 2。

2.1.4 外部变量

1. 外部变量的定义

按作用域分类，变量可分为内部变量和外部变量。在函数外部定义的变量称为外部变量。外部变量的作用域为从定义变量处开始到该源文件结束。例如：

```
int p,q;      /*定义外部变量*/
void f1()
{
   p=1;
   q=5;
}
char a,b;     /*定义外部变量*/
void f2()
{
    a='1';
    b='2';
}
void main()
{
    p=10;
    a='w';
}
```

外部变量 p,q 的作用域

外部变量 a,b 的作用域

2．外部变量的说明

格式：

extern 类型 变量名表

例：

extern int p,q;

说明：如果一个 C 程序由源文件 F1、F2 组成。在 F1 文件中定义外部变量，在 F2 文件中使用 extern 对外部变量进行说明，那么 F2 文件就可以使用 F1 文件中已定义的外部变量。有了外部变量的说明，外部变量的作用域允许整个 C 程序。

【例 2-5】 在 Visual C++中新建包含多个源文件的 C 程序。

```
//文件 F1.c:
int a,b,c;            //定义外部变量
void main()
{
  scanf("%d%d",&a,&b);
  max();
  printf("较大值为%d\n",c);
}
//文件 F2.c:
extern int a,b,c;     //说明外部变量
void max()
{
   if (a>b) c=a;else c=b;
}
```

操作步骤如下。

（1）单击文件菜单的"新建"命令。在"新建"对话框中，单击"工程"选项卡，选择 Win32 Console Application，并输入工程名称，如 File，如图 2-2 所示，单击"确定"按钮。

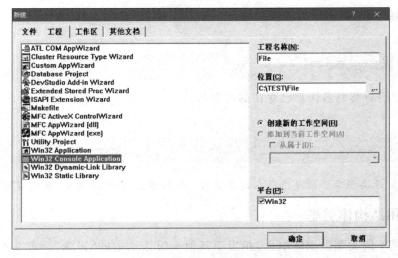

图 2-2　单击"工程"选项卡

(2) 在弹出的对话框中再选择"一个空工程",单击"完成"按钮,再单击"确定"按钮。此时工程名称就是工作空间名。

(3) 单击"新建"菜单命令。在"新建"对话框中,单击"文件"选项卡,选择 C++Source File,在"文件名"文本框中输入 F1.c,如图 2-3 所示,单击"确定"按钮,输入文件内容并保存。

(4) 同理,新建并保存 F2.c。

(5) 打开 F1.c 文件,并运行。

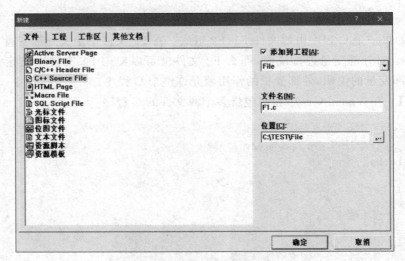

图 2-3 单击"文件"选项卡

2.2 用户自己建立数据类型

2.2.1 使用 typedef 声明新类型

用户除了可以直接使用 C 提供的标准数据类型(如 int、char、float、double、long 等)外,还可以使用 typedef 声明新的数据类型。

格式:

```
typedef 原类型    新类型;
```

功能:使用新类型名代替已存在的类型名。

例:

```
typedef unsigned   int uint32_t;
```

注意:原类型名必须是已存在的类型名。执行该语句后,原类型、新类型同时可以使用。

2.2.2 使用结构体类型

结构体是不同类型数据的组合,相当于其他高级语言中的"记录"。表 2-2 所示就是一个结构体。

表 2-2　一个结构体

no	name	sex	score
1	张三	M	87.5

为了能在程序中使用结构体,必须声明结构体类型,定义结构体变量,并在其中存放结构体。

1. 声明结构体类型

格式:

```
struct 结构体名
{  类型 1 成员名 1;
   …
   类型 n 成员名 n;
};
```

例:

```
struct stu
{   int no;
    char name[6];
    char sex;
    float  score;
};
```

解释:声明一个结构体类型 struct stu,它包含 4 个成员:no、name、sex、score。

2. 定义结构体变量

定义结构体变量有以下 3 种方法。

1) 先声明结构体类型再定义结构体变量

格式:

```
结构体类型   结构体变量;
```

例:

```
struct stu a;
```

2) 在声明类型的同时定义变量

格式:

```
struct 结构体名
{  类型 1 成员名 1;
   …
   类型 n 成员名 n;
} 变量名表;
```

例:

```
struct stu
{ int no;
   char name[6];
   char sex;
   float  score;
} x;
```

3)直接定义结构体变量(省略结构体名)

格式:

```
struct
{   类型 1 成员名 1;
    ...
    类型 n 成员名 n;
} 变量名表;
```

例:

```
struct
{   int no;
   char name[6];
   char sex;
   float  score;
} x;
```

3. 结构体变量的引用

在定义了结构体变量以后,就可以引用结构体变量的各个成员,格式为:

结构体变量名.成员名

【例 2-6】 编程将表 2-2 的结构体存入结构体变量 x 中。

```
void  main()
{
  struct stu
  { int no;
    char name[6];
    char sex;
    float  score;
  } x;
  x.no=1;
  strcpy(x.name,"张三");
  x.sex='M';
  x.score=87.5;
}
```

4. 结构体变量的初始化

例:

```
struct stu x={ 1,"张三",'M',87.5};
```

5. 为结构体类型指定别名

例：

```
typedef struct
{ uint32_t Pin;
  uint32_t Mode;
  uint32_t Pull;
  uint32_t Speed;
} GPIO_InitTypeDef;
```

2.2.3 使用枚举类型

如果一个变量只有几种可能的值,则可以定义为枚举类型。所谓枚举,就是将所有可能值列举出来。

1. 声明枚举类型

格式：

```
enum 枚举名{枚举常量列表};
```

例：

```
enum weekday{sun,mon,tue,wed,thu,fri,sat};
```

说明：

(1) 每一个枚举常量都代表一个整数,C语言默认它们的值为 0,1,2,…。
(2) 在定义枚举类型时可以人为指定枚举常量的值,后面未指定的自动加1。例：

```
enum weekday{sun=7,mon=1,tue,wed,thu,fri,sat};
```

则 tue、wed、thu、fri、sat 的值分别为 2、3、4、5、6。

2. 定义枚举变量

格式：

```
enum 枚举名  枚举变量;
```

【例 2-7】 写一个包含枚举变量的程序。

```
void main()
{   enum weekday{sun=7,mon=1,tue,wed,thu,fri,sat};
    enum weekday day;
    day=sun;
    printf("%d\n",day);
}
```

2.3 指针认知

在 C 程序中,每定义一个变量,编译器都会为其分配内存单元,而指针就是指向内存单元的变量,或者说在指针变量中存储了其指向的内存单元的地址。

1. 指针变量的定义

格式：

```
类型 *指针变量名;
```

例：

```
int *p;
```

解释：定义一个指针 p，它只能指向 int 型变量。

2. 指针变量的引用

1）两个运算符

&：取地址运算符。例：&i。

*：指针运算符。例：*p。

【例 2-8】 写一个引用指针变量的程序。

```
void main()
{   int *p,i=3;
    p=&i;
    printf("%d, %d \n",i,*p);
}
```

在程序中，指针变量 p 的值是普通变量 i 的地址，p 和 i 的关系如图 2-4 所示。

2）说明

(1) & 和 * 互为逆运算，即 &*p＝p，*&i＝i。

(2) 定义指针变量时，指针变量名前面的"*"不是指针运算符，只是指针变量名和普通变量的区别标志。

3. 指针变量的运算

(1) 指针可以与整数进行加、减运算。

$$指针 \pm n = 指针的原值 \pm sizeof(指针的类型) \times n$$

(2) 同类型的两个指针可以比较，可以相互赋值。

(3) 指向同一数组的两个指针可以相减，结果为两个数组元素下标之差。

4. 指向数组元素的指针

设有程序段：

```
int a[5]={1,2,3,4,5},*p;
p=a;
```

则指针变量 p 和数组 a 的关系如图 2-5 所示。

🌀 注意：

(1) 数组名代表该数组的首地址，例 a＝＝&a[0]。

(2) 表示数组元素的方法：①下标法，例 a[i]；②指针法，例 *(a＋i)。

图 2-4　p 和 i 的关系　　　　　图 2-5　p 和 a 的关系

(3) 设 int a[5]，则

① a[i]，*(a+i) 是等价的；

② &a[i]，a+i 是等价的。

(4) 设指针 p 指向数组 a 的某一个元素，则

① p++：将 p 指向数组的下一个元素。

② *(p++)：先取出 p 所指向的元素值，再让 p 指向下一个元素。

③ *(++p)：先让 p 指向下一个元素，再取出 p 所指向的元素值。

【例 2-9】 下面程序输出：1,3。

```
void main()
{ int a[5]={1,2,3,4,5},*p;
  p=a;
  printf("%d,",*(p++));
  printf("%d\n",*(++p));
}
```

 拓展阅读

国产 STM32 芯片的技术优势和发展前景

国产 STM32 芯片的技术优势。首先，国产 STM32 芯片在处理能力、功耗控制以及集成度方面表现出色。与国外同类芯片相比，国产 STM32 芯片不仅性能稳定，而且能够有效降低成本，帮助开发者实现高效的产品设计。其次，国产芯片的研发速度较快，能够迅速适应市场需求的变化，具备较高的灵活性。此外，国产 STM32 芯片在开发生态和工具支持方面也逐渐完善，开发者可以依赖国内成熟的开发环境和技术支持，从而提高开发效率。

国产 STM32 芯片的发展前景。随着国家对半导体行业的支持力度加大，以及国内企业研发能力的提升，国产芯片的市场份额逐步扩大。从长远来看，国产 STM32 芯片有望在更多高端应用领域占据一席之地。随着 5G、人工智能、自动驾驶等前沿技术的发展，对嵌入式系统的性能和集成度要求越来越高，而国产 STM32 芯片凭借其强大的计算能力和灵活的架构，将能够满足这些需求。未来，国产 STM32 芯片不仅能在国内市场获得更大的市场份额，还将有机会走向国际市场，提升中国半导体产业的全球竞争力。

(资料来源：光照游戏园.国产 STM32 芯片在嵌入式开发中的应用与优势分析[EB/OL].(2024-12-30)[2025-01-02].https://www.gz-brighter.com/gzxz/4623124.html.)

练 习 题

一、填空题

1. 要使指针 p1 指向字符数组 cc[10]，p1 的定义和赋值应按下列语句进行：_____；_____。

2. 在 int a[]={10,20,30,40,50};中,a[0] 的值是_____；*(a+1) 的值是_____；*a+1 的值是_____。

3. 在 char *r="ijklmn";中,*r 的值是_____；r[3] 的值是_____；*(r+1)+3 的值是_____；*(r+2)-2 值是_____。

4. 利用宏调用语句 area=S(a+b);，求一个圆形的面积，其中实参 a+b 表示圆形的半径。请写一个带参数 r 的宏定义：_____。

二、选择题

1. 设有定义：int a[10]={1,2,3,4,5,6};，则 a[*(a+a[2])] 的值是(　　)。
   A. 3　　　　　　　B. 4　　　　　　　C. 5　　　　　　　D. 6

2. 设 char b[5],*p=b;，则正确的赋值语句是(　　)。
   A. b="abcd"　　　B. *b="abcd"　　　C. *p="abcd"　　　D. p="abcd"

3. 设有定义 char *p,*q;，则下列语句中正确的是(　　)。
   A. p+=3;　　　　　B. p+=q;　　　　　C. p*=3;　　　　　D. p=&q;

三、判断题

1. 指向数组的指针一定是指向该数组的首元素。　　　　　　　　　　　　　　(　　)
2. 指向结构体变量的指针可以指向结构体变量的任一成员。　　　　　　　　(　　)
3. C 程序在编译阶段没有运算功能，在运行阶段才有运算功能。　　　　　　(　　)
4. 外部变量的说明可放在函数之内，也可放在函数之外。　　　　　　　　　(　　)
5. 任何两个指针可以相减。　　　　　　　　　　　　　　　　　　　　　　(　　)
6. 定义结构体变量时，意味着给该变量的各个成员名分配存储空间。　　　　(　　)

四、实训题

编写一个 C 程序，包含两个源文件，要求：

(1) 写一个排序函数 sort()，用于对 3 个数升序排列，存入 sub.c 中。

(2) 写一个主函数 main()，用于从键盘输入 3 个数，调用排序函数，并输出排序后的 3 个数，存入 main.c 中。

(3) 在 Visual C++ 中运行本 C 程序。

第 3 章

LED 控制设计与实现

STM32 单片机大部分的引脚都是输入/输出引脚,几乎每个输入/输出引脚都有两种甚至更多不同的功能,输入、输出是这些引脚最基础的功能。本章针对输入/输出引脚的基础功能,设计了一些小项目,读者通过跟随书中的讲解完成这些小项目,不仅可以了解输入/输出引脚的各种应用方案的设计,也可以掌握应对各种不同项目需求的处理思路,熟悉 STM32 单片机的程序开发流程。

知识目标
(1) 掌握引脚号的两种表示方式。
(2) 掌握引脚输出电平翻转函数、读引脚函数、写引脚函数。
(3) 了解 STM32 引脚的输入、输出模式。

技能目标
(1) 学会使用 STM32CubeMX 新建 STM32 工程。
(2) 学会在 Keil MDK 中配置 STM32 工程,编写代码。
(3) 学会使用实物和 Proteus 虚拟仿真运行 STM32 工程。
(4) 掌握 LED 闪烁控制、LED 循环点亮、跑马灯控制的实现。

素养目标
(1) LED 低功耗特性可关联"双碳"目标,引导学生思考绿色电子设计,强调技术革新对生态文明建设的贡献度。
(2) 在调试 LED 不亮、时序错乱等问题时,强调"失败是成功之母"。培养学生迎难而上的科研精神。

3.1 LED 闪烁控制

3.1.1 基于 Proteus 虚拟仿真的 LED 闪烁控制

任务目标

使用 STM32F103R6 芯片,通过 PC0 引脚控制 LED0 以 1s 为周期闪烁,如图 3-1 所示。要求使用 Proteus 软件进行虚拟仿真,其中 LED0 使用 LED-YELLOW,R0 使用 RES。

任务实现

1. 需要使用的 HAL 库中的函数
1) 引脚输出电平翻转函数
格式:

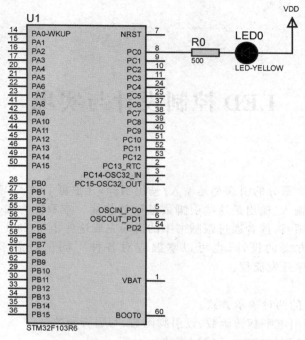

图 3-1 LED 闪烁控制仿真电路

```
void HAL_GPIO_TogglePin(GPIO_TypeDef * GPIOx, uint16_t GPIO_Pin)
```

形参：GPIOx 表示 GPIO 接口，如 GPIOA～GPIOE；GPIO_Pin 表示引脚号，如 GPIO_Pin_0。

功能：对引脚输出电平实现翻转。

应用举例：

```
HAL_GPIO_TogglePin(GPIOA, GPIO_Pin_0)
```

注意：引脚号有以下两种表示方式。

① 直观表示：GPIO_Pin_0～GPIO_Pin_15 分别表示 0～15 号引脚。

② 16 位二进制数：某位置 1，表示选中相应位的引脚，如 0x0001～0x8000 分别表示 0～15 号引脚。

2）延迟函数

格式：

```
void HAL_Delay(uint32_t Delay)
```

形参：Delay 表示延迟时间，单位为 ms。

功能：延迟指定的毫秒数。

应用举例：

```
HAL_Delay(s)
```

2. 使用 STM32CubeMX 新建 STM32 工程

（1）双击 STM32CubeMX 图标，在主界面中选择 File→New Project 菜单命令。

（2）打开 New Project 对话框，在 Commercial Part Number（商业零件号）右边的下拉框中输入单片机芯片的型号，如 STM32F103R6，则在该对话框右下角显示所有的 STM32F103R6 芯片，如图 3-2 所示，选择封装为 LQFP64 的选项。单击 Start Project 按钮。

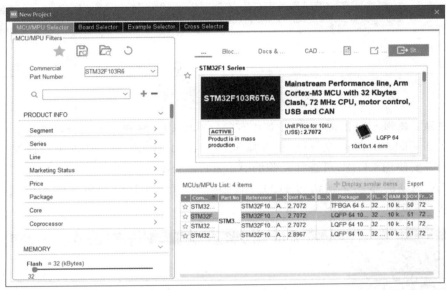

图 3-2　STM32 单片机型号选择界面

（3）在图形化界面中设置参数。

① 单击 Pinout & Configuration 选项卡，为 STM32 相关引脚各选择一种工作模式（如 GPIO_Input、GPIO_Output 等）；本任务为 PC0 引脚设置 GPIO_Output 工作模式，如图 3-3 所示。

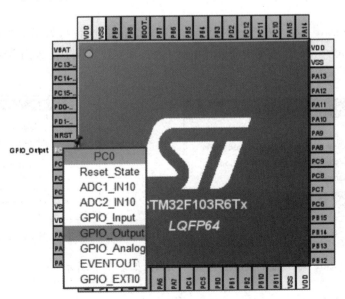

图 3-3　为引脚选择一种工作模式

② 单击 Project Manager 选项卡，选择左侧的 Project 选项。

a. 本任务将 Project Name 设置为 Code，Project Location 设置为"E:\Users\chen\Desktop\STM32\3.1\"，如图 3-4 所示。

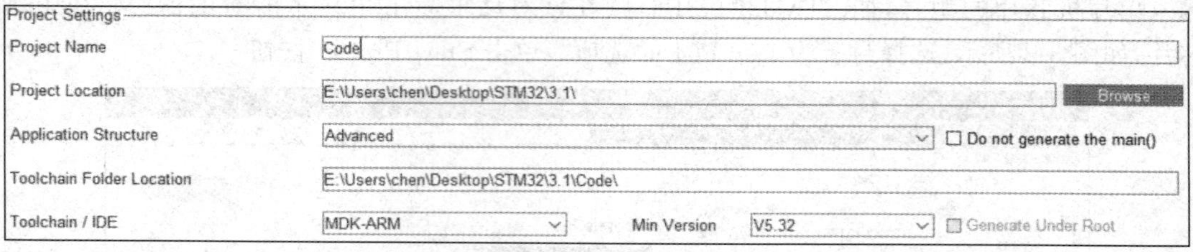

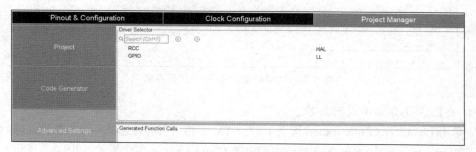

图 3-4　输入工程名称和路径

🐦 **注意**：使用 STM32CubeMX 新建 STM32 工程时，路径中不能出现汉字。

b. 在 Toolchain/IDE(工具链)中选择 MDK-ARM，在 Min Version 中选择 V5.32。

③ 若需要使用 LL 库，可选择左侧的 Advanced Setting 选项。

RCC、GPIO 的驱动库默认为 HAL 库，必要时，可将 GPIO 引脚的驱动库改为 LL 库（本任务可忽略这一步），如图 3-5 所示。

图 3-5　修改驱动库

④ 单击 Generate Code 按钮，弹出 Code Generation 对话框，如图 3-6 所示。

在 Code Generation 对话框中单击 Open Project 按钮，即打开 Keil MDK 集成环境，生成目录树，如图 3-7 所示。

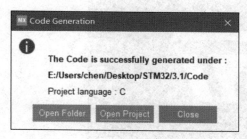

图 3-6　Code Generation 对话框

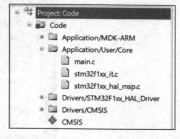

图 3-7　STM32 工程目录树

在图 3-7 中，Code 为工程名称，包含 3 个分组，如表 3-1 所示。

表 3-1　STM32 工程目录树分组

分组名称	包含文件	备注
MDK-ARM	工程文件(.uvprojx) 可执行文件(.axf、.hex)	用户不能修改其内容
User/Core	核心文件、main.c 和用户文件	所有文件内容均可以适当修改
Drivers	存放系统驱动文件	用户不能修改文件内容

3. 在 Keil MDK 中配置 STM32 工程，并编程

1) 工程配置

单击"魔术棒"按钮 ，在"Options for Target 'Code'"对话框中对各个选项卡进行设置。

(1) Output 选项卡：单击 Select Folder for Objects 按钮设置可执行文件的目录，即"MDK-ARM/工程名称"。本任务选择 MDK-ARM/Code，如图 3-8 所示。

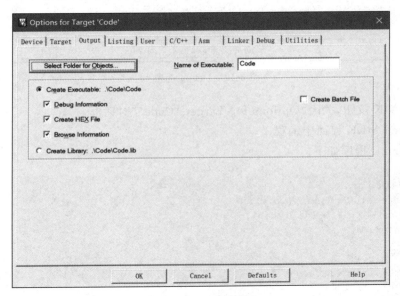

图 3-8　Output 选项卡

若选中 Create HEX File 复选框，则同时生成.axf 和.hex 可执行文件（当 Keil 与 Proteus 联调时，必须选中）；若未选中 Create HEX File 复选框，则只生成.axf 可执行文件。

(2) C/C++选项卡：在 Include Paths 中将所有分组的".h"文件所在路径都加入其中，否则在编译时会出现无法找到头文件的情况，如图 3-9 所示。

图 3-9　C/C++选项卡

(3) Debug 选项卡：选择仿真器类型为 J-LINK/J-TRACE Cortex，如图 3-10 所示，单击右边的 Settings 按钮：

① 打开新对话框的 Debug 选项卡，在 Port 中选择 SW；

② 打开新对话框的 Flash Download 选项卡，在编程算法中加入 STM32F10x Med-density Flash(中密度)；

③ 单击"确定"按钮，返回图 3-10；

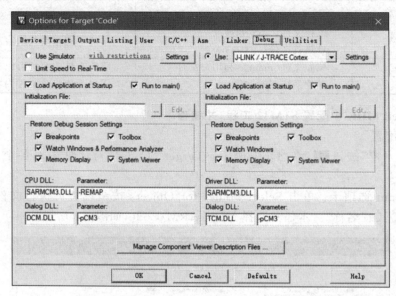

图 3-10　Debug 选项卡

④ 单击 OK 按钮，关闭"Options for Target 'Code'"对话框。

2) 在 Keil MDK 界面中编程

修改 main.c 程序如下。

```
#include "main.h"
void SystemClock_Config(void);
static void MX_GPIO_Init(void);
int main(void)
{
    HAL_Init();
    SystemClock_Config();
    MX_GPIO_Init();
    while (1)
    {                                           //对 PC0 引脚输出电平实现翻转
      HAL_GPIO_TogglePin(GPIOC,GPIO_PIN_0);
      HAL_Delay(500);                           //延迟 500ms
    }
}
```

3) 在 Keil MDK 界面中将 STM32 工程链接成.hex 文件。

(1) 在本任务中，单击 Translate 按钮(快捷键 Ctrl+F7)，编译 main.c 文件，再单击 Build 按钮(快捷键 F7)链接成 Code.hex 文件。

(2) 选择 Project→Close Project 菜单命令，关闭 STM32 工程。

4) 使用 Proteus 软件仿真

(1) 使用 Proteus 软件绘制如图 3-1 所示的 LED 仿真电路，存入"E:\Users\chen\Desktop\STM32\3.1\新工程.pdsprj"中。

(2) 双击图 3-1 中 STM32F103R6 芯片,打开"编辑元件"对话框,在 Program File 中选择 STM32 工程生成的 hex 文件,如图 3-11 所示,再单击"确定"按钮。

(3) 在原理图绘制窗口单击"播放"按钮,仿真运行 STM32 工程。

图 3-11 选择 hex 文件

3.1.2 基于 STM32F103 嵌入式实验箱的 LED 闪烁控制

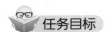

在百科荣创 STM32F103 核心板中,STM32F103VCT6 芯片有 8 个 LED,采用共阴极接法,其阳极分别接在 PE0~PE7 引脚上,如图 3-12 所示。通过 PE0 引脚控制 LED1 以 1s 为周期闪烁。要求使用实验箱进行实际操作。

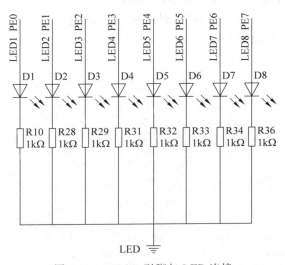

图 3-12 STM32 引脚与 LED 连接

任务实现

1. 使用 STM32CubeMX 新建 STM32 工程

（1）双击 STM32Cube MX 图标，在主界面中选择 File→New Project 菜单命令。

（2）在 New Project 对话框中，Commercial Part Number（商业零件号）右边的下拉框中输入 STM32F103VCT6，在对话框右下角选择封装为 LQFP100 的选项。单击 Start Project 按钮。

（3）在图形化界面中设置参数。

① 单击 Pinout & Configuration 选项卡，为 PE0 引脚设置 GPIO_Output 工作模式。

② 单击 Project Manager 选项卡，选择左侧的 Project 选项，如图 3-13 所示。

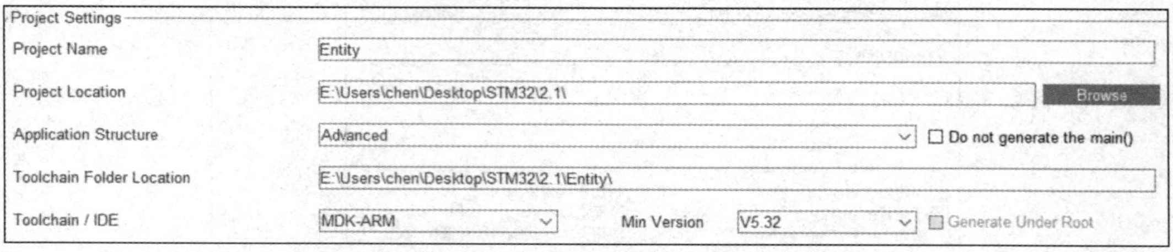

图 3-13 输入工程名称和路径

a. 本任务将 Project Name 设置为 Entity，在 Project Location 中设置"E:\Users\chen\Desktop\STM32\2.1\"。

注意：使用 STM32CubeMX 新建 STM32 工程时，路径中不能出现汉字。

b. 在 Toolchain/IDE 中选择 MDK-ARM，在 Min Version 中选择 V5.32。

③ 单击 Generate Code 按钮，打开 Code Generation 对话框，选择 Open Project 按钮，即打开 Keil MDK 集成环境，生成目录树。

2. 在 Keil MDK 中配置 STM32 工程，并编程

（1）按照本书 3.1.1 小节介绍的"工程配置"方法配置工程。

（2）在 Keil MDK 界面中编程。

main.c 程序如下。

```
#include "main.h"
void SystemClock_Config(void);
static void MX_GPIO_Init(void);
int main(void)
{
  HAL_Init();
  SystemClock_Config();
  MX_GPIO_Init();
  while (1)
  {                                              //对 PE0 引脚输出电平实现翻转
    HAL_GPIO_TogglePin(GPIOE,GPIO_PIN_0);
    HAL_Delay(500);                              //延迟 500ms
  }
}
```

(3)在 Keil MDK 界面中将 STM32 工程链接成.hex 文件。

单击 Translate 按钮(快捷键 Ctrl+F7),编译 main.c 文件,再单击 Build 按钮(快捷键 F7)链接成 Entity.hex 文件。

3. 基于 STM32F103 嵌入式实验箱运行

(1)使用 ARM 仿真器将 PC 的 USB 口和嵌入式实验箱中 STM32F103 核心版的 SWD (serial wire debug,串行线测试)口连接起来。

(2)单击 Download 按钮(F8),将 Entity.hex 烧写到 STM32F103VCT6 芯片的 Flash 中。

(3)单击 STM32F103 核心版的 Reset 按钮,运行工程。

STM32 的 I/O 接口初始化

STM32F103VCT6 共有 5 组 I/O 接口:GPIOA、GPIOB、GPIOC、GPIOD、GPIOE,每组接口有 16 个引脚,例如,GPIOE 接口的 16 个引脚分别为 PE0~PE15。

例:初始化 PE0~PE3 引脚的步骤如下。

```
static void MX_GPIO_Init(void)
{
//1.定义结构变量(包含 Pin、Mode、Pull、Speed 成员),表示一个或一组引脚
  GPIO_InitTypeDef GPIO_InitStruct = {0};
//2.开启接口时钟:在使用每个内置外设之前,要先启动它的时钟。
  __HAL_RCC_GPIOE_CLK_ENABLE();
//3.选择引脚:可选择一个引脚,也可同时选择多个引脚
GPIO_InitStruct.Pin= GPIO_Pin_0|GPIO_Pin_1| GPIO_Pin_2;
//4.配置引脚的工作模式、拉、工作速度
  GPIO_InitStruct.Mode = GPIO_MODE_OUTPUT_PP;
  GPIO_InitStruct.Pull = GPIO_NOPULL;
  GPIO_InitStruct.Speed = GPIO_SPEED_FREQ_LOW;
//5.初始化引脚
  HAL_GPIO_Init(GPIOE, &GPIO_InitStruct);
}
```

3.2 I/O 引脚的工作模式

3.2.1 I/O 引脚的工作模式类别

STM32 芯片 I/O 引脚的工作模式分为输入模式和输出模式。输入模式是指外界通过 I/O 引脚向 STM32 芯片的 Cortex-M3 部件输入的模式。输出模式是指 STM32 芯片的 Cortex-M3 部件通过 I/O 引脚向外界输出的模式。

1. 输入模式

输入数据寄存器被激活,输出数据寄存器被禁用。

1)浮空输入

向引脚输入什么电平,输入数据寄存器(共 16 位)相应位就保存什么电平。但在 I/O 引脚悬空(无信号输入)时,保存的电平是不确定的,如图 3-14 所示。

图 3-14 中的元器件解释如下。

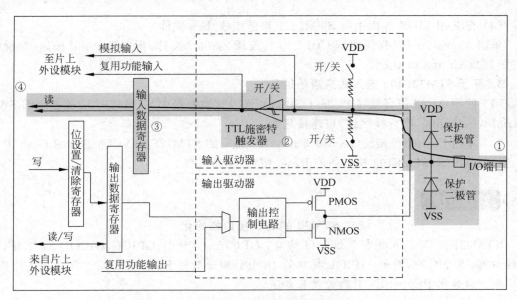

图 3-14 浮空输入示意图

(1) VDD：器件工作电压(D=device，器件)；VSS：公共接地端电压(S=series，公共连接)。

(2) 保护二极管：确保从引脚输入的电压介于 VSS 和 VDD 之间。

(3) 梯形结构 ⟜ ：开关切换选择。

(4) TTL 施密特触发器：将模拟信号转化为 0、1 的数字信号。

(5) 增强型 MOS 管(金属-氧化物-半导体)：PMOS 管和 NMOS 管如图 3-15 所示。

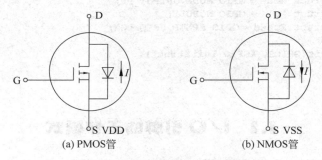

图 3-15 增强型 MOS 管示意图

① 引脚：栅极 G(控制极)、源极 S、漏极 D。

② 无论是 PMOS 管还是 NMOS 管，二极管的方向正好与输入/输出的方向相反。

③ 分类。

a. PMOS 管：电流从 S 极(输入端)到 D 极(输出端)，适应于 S 极接 VDD 时的情况。

当 G 极电压小于 S 极电压，即 $U_{GS}<0$ 时，PMOS 管才导通。若 S 极接 VDD(固定)，只需 G 极电压比 S 极低 5V 即可导通。

b. NMOS 管：电流从 D 极(输入端)到 S 极(输出端)，适应于 S 极接地时的情况。

当 G 极电压大于 S 极电压，即 $U_{GS}>0$ 时，NMOS 管才导通。若 S 极接 VSS(固定)，G 极电压为 5V 即可导通。

2）上拉输入

向引脚输入什么电平，输入数据寄存器相应位就保存什么电平。但在 I/O 引脚悬空（无信号输入）时，默认保存高电平，如图 3-16 所示。

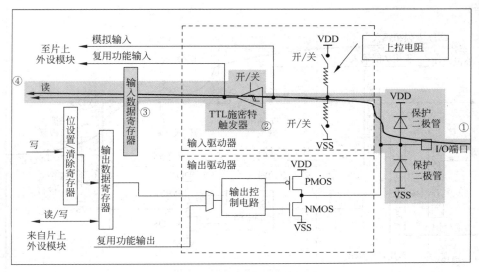

图 3-16　上拉输入示意图

这里需要了解什么是上拉电阻和下拉电阻。所谓上拉电阻，就是将一个不确定的信号，通过一个电阻与电源 VDD 相连，固定在高电平；上拉是对器件（如输入数据寄存器）注入电流，即灌电流。所谓下拉电阻，就是将一个不确定的信号，通过一个电阻与大地 GND 相连，固定在低电平；下拉是从器件（如输入数据寄存器）输出电流，即拉电流。

3）下拉输入

向引脚输入什么电平，输入数据寄存器相应位就保存什么电平。但在 I/O 引脚悬空（无信号输入）时，默认保存低电平，如图 3-17 所示。

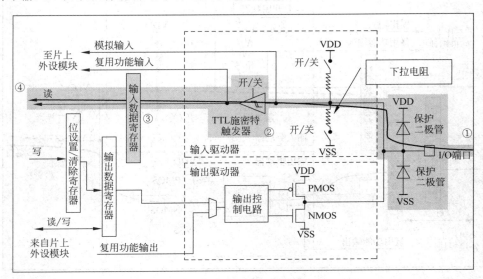

图 3-17　下拉输入示意图

4）模拟输入

I/O 引脚的模拟信号（电压信号，而非电平信号），不经过 TTL 施密特触发器，而是直接输入到 STM32 内置的外设模块（如 ADC 模块），如图 3-18 所示。

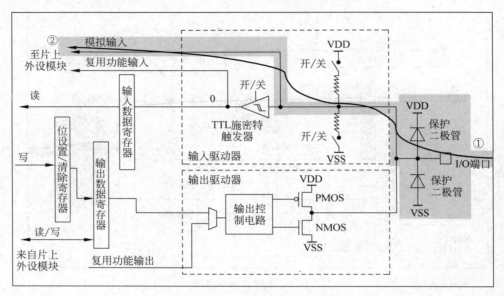

图 3-18 模拟输入示意图

2. 输出模式

输入数据寄存器和输出数据寄存器均被激活。

1）推挽输出

Cortex-M3 向输出数据寄存器（共 16 位）的某位写入什么电平，I/O 引脚就输出什么电平，如图 3-19 所示。

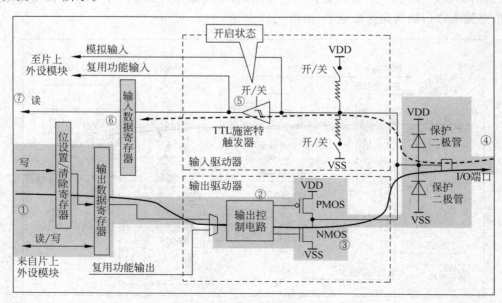

图 3-19 推挽输出示意图

若 Cortex-M3 向输出数据寄存器写入 1，经过输出控制电路取反得 0，此时 $U_G < U_S$，上方的 PMOS 管导通。电流方向为 S 极→D 极，向 I/O 引脚灌电流，从而输出高电平（高电位）。

若 Cortex-M3 向输出数据寄存器写入 0，经过输出控制电路取反得 1，此时 $U_G > U_S$，下方的 NMOS 管导通。电流方向为 D 极→S 极，从 I/O 引脚拉电流，从而输出低电平（低电位）。

在这种模式下，Cortex-M3 还可以从输入数据寄存器读到外部电路的信号。

2）复用推挽输出

不是让 Cortex-M3 向输出控制电路写入电平，而是利用 STM32 内置的外设（如 USARTx、TIMx）向输出控制电路写入电平，如图 3-20 所示（接口引脚用作内置外设的引脚，称为复用）。

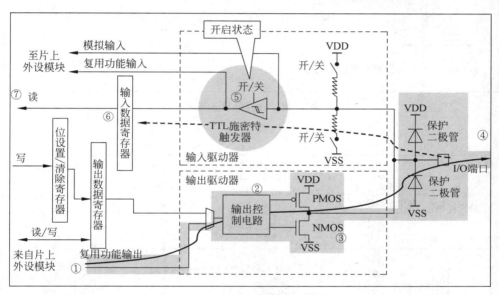

图 3-20 复用推挽输出示意图

3）开漏输出

Cortex-M3 向输出数据寄存器的某位写入 0，I/O 引脚就输出 0。但写入 1 时，只有外部接上拉电阻才能输出 1，否则不起作用，如图 3-21 所示。

在这种模式下，PMOS 管完全不工作，只有 NMOS 管工作。若 Cortex-M3 向输出数据寄存器写入 0，经过输出控制电路取反得 1，此时 $U_G > U_S$，NMOS 管导通。电流方向为 D 极→S 极，从 I/O 引脚拉电流，从而输出低电平。若 Cortex-M3 向输出数据寄存器写入 1，经过输出控制电路取反得 0，此时 $U_G = U_S$，NMOS 管截止。如果外部有接上拉电阻，则向 I/O 引脚输出高电平。

在这种模式下，Cortex-M3 还可以从输入数据寄存器读到外部电路的信号。

4）复用开漏输出

不是让 Cortex-M3 向输出控制电路写入电平，而是利用 STM32 内置的外设（如 USARTx、TIMx）向输出控制电路写入电平，如图 3-22 所示（接口引脚用作内置外设的引脚，称为复用）。

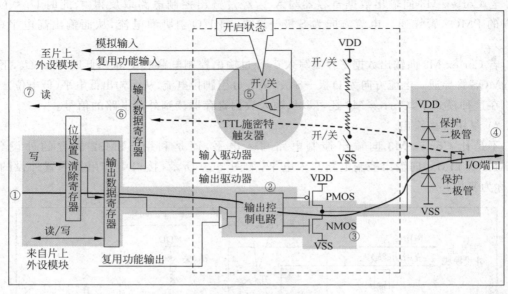

图 3-21 开漏输出示意图

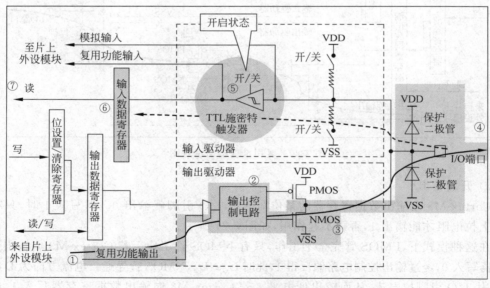

图 3-22 复用开漏输出示意图

3.2.2 基于 HAL 库的工作模式表示

在 HAL 库中，I/O 引脚的属性有 Pin、Mode、Speed、Pull。其中，Mode、Pull 可取下列各值，如表 3-2 所示。

表 3-2　基于 HAL 库的工作模式表示

工作模式		Mode	Pull(拉)
输出模式	推挽输出	GPIO_MODE_OUTPUT_PP	GPIO_NOPULL
	开漏输出	GPIO_MODE_OUTPUT_OD	
	复用推挽输出	GPIO_MODE_AF_PP	
	复用开漏输出	GPIO_MODE_AF_OD	
输入模式	浮空输入	GPIO_MODE_INPUT	GPIO_NOPULL
	上拉输入		GPIO_PULLUP
	下拉输入		GPIO_PULLDOWN
	模拟输入	GPIO_MODE_ANALOG	

3.3　LED 循环点亮控制

3.3.1　基于 HAL 库的输入/输出函数

1. 读引脚函数

格式：

```
GPIO_PinState HAL_GPIO_ReadPin(GPIO_TypeDef * GPIOx, uint16_t GPIO_Pin);
```

形参：GPIOx 表示 GPIO 接口，如 GPIOA；GPIO_Pin 表示引脚号，如 GPIO_PIN_0。
功能：STM32 读取 I/O 接口指定的一个引脚的输入值，返回 1 位二进制数。
应用举例：

```
HAL_GPIO_ReadPin(GPIOA, GPIO_PIN_0);
```

2. 写引脚函数

格式：

```
void HAL_GPIO_WritePin(GPIO_TypeDef * GPIOx, uint16_t GPIO_Pin, GPIO_PinState PinState);
```

形参：GPIOx 表示 GPIO 接口，如 GPIOA；GPIO_Pin 表示引脚号，这里的引脚号可代表一个或多个引脚，GPIO_PIN_0、GPIO_PIN_2| GPIO_PIN_4| GPIO_PIN_6；PinState 表示 GPIO_PIN_SET| GPIO_PIN_RESET。
功能：STM32 向 I/O 接口指定的引脚输出高(低)电平。
应用举例：

```
HAL_GPIO_WritePin(GPIOC, GPIO_PIN_0|GPIO_PIN_1,GPIO_PIN_SET);
```

注意：①枚举类型与其他类型不要混用；②本函数仅允许向一个或多个引脚输出同

一电平。若要输出不同电平,则要采用下面的语句格式。例如,向 PC0～PC15 输出 16 位电平 temp。

```
for(j=0;j<16;j++)
    { if((temp&1<<j)==0)HAL_GPIO_WritePin(GPIOC,1<<j,GPIO_PIN_RESET);
      else HAL_GPIO_WritePin(GPIOC,1<<j,GPIO_PIN_SET);
    }
```

其中,1<<j 表示 j 号引脚。

3.3.2 基于 Proteus 虚拟仿真的 LED 循环点亮控制

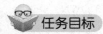

使用 STM32F103R6 芯片实现流水灯效果,即按 LED0～LED7 的顺序依次点亮,每次仅限 1 个 LED 发光,周期为 4s,如图 3-23 所示。使用 Proteus 软件进行虚拟仿真,其中,排阻 RN1 使用 RX8,LED0～LED7 使用 LED-GREEN。

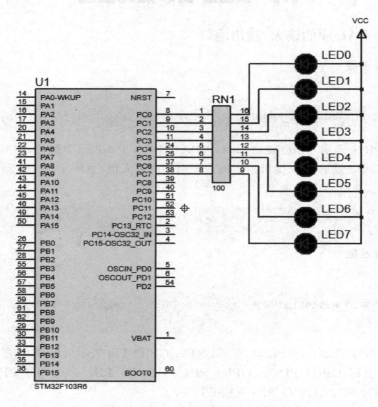

图 3-23 LED 循环点亮控制仿真电路

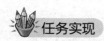

1. 使用 STM32CubeMX 新建 STM32 工程

(1) 双击 STM32Cube MX 图标,在主界面中选择 File→New Project 菜单命令,在

Commercial Part Number 右边的下拉框中输入 STM32F103R6。

（2）单击 Pinout & Configuration 选项卡，为 PC0～PC7 引脚分别设置 GPIO_Output 工作模式。

（3）单击 Project Manager 选项卡。在 Project Name 中输入 Code；Project Location 设置为"E:\Users\chen\Desktop\STM32\3.3\"；在 Toolchain/IDE 中选择 MDK-ARM。

2. 在 Keil MDK 中配置 STM32 工程，并编程

```
#include "main.h"
void SystemClock_Config(void);
static void MX_GPIO_Init(void);
int main(void)
{
  HAL_Init();
  SystemClock_Config();
  MX_GPIO_Init();
  uint16_t i;
  while (1)
  {
     for(i=0;i<8;i++)
     {
        //向 PC0~PC7 输出高电平
        HAL_GPIO_WritePin(GPIOC,0x00FF,GPIO_PIN_SET);
        //依次向 PC0~PC7 输出低电平
        HAL_GPIO_WritePin(GPIOC,1<<i,GPIO_PIN_RESET);
        HAL_Delay(500);
     }
  }
}
```

3. 使用 Proteus 软件仿真

（1）使用 Proteus 软件绘制如图 3-23 所示的仿真电路，存入"E:\Users\chen\Desktop\STM32\3.3\新工程.pdsprj"中。

（2）双击 STM32F103R6 芯片，在 Program File 中选择 STM32 工程生成的 hex 文件。

（3）在原理图绘制窗口单击"播放"按钮，仿真运行 STM32 工程。

3.3.3 基于 STM32F103 嵌入式实验箱的 LED 循环点亮控制

任务目标

在百科荣创 STM32F103 核心板中，STM32F103VCT6 芯片有 8 个 LED，采用共阴极接法，其阳极分别接在 PE0～PE7 引脚上，如图 3-12 所示。通过引脚控制 LED1～LED8 依次点亮，每时刻只有一个 LED 点亮，且点亮时间为 1s。要求使用实验箱进行实际操作。

任务实现

1. 使用 STM32CubeMX 新建 STM32 工程

（1）双击 STM32Cube MX 图标，在主界面中选择 File→New Project 菜单命令，在 Commercial Part Number 右边的下拉框中输入 STM32F103VCT6。

（2）单击 Pinout & Configuration 选项卡，为 PE0～PE7 引脚分别设置 GPIO_Output 工作模式。

（3）单击 Project Manager 选项卡。在 Project Name 中输入 Entity；在 Project Location 中设置"E：\Users\chen\Desktop\STM32\3.3\"；在 Toolchain/IDE 中选择 MDK-ARM。

2. 在 Keil MDK 中配置 STM32 工程，并编程

```
#include "main.h"
void SystemClock_Config(void);
static void MX_GPIO_Init(void);
int main(void)
{
  HAL_Init();
  SystemClock_Config();
  MX_GPIO_Init();
  uint16_t i;
  while (1)
  {
      for(i=0;i<8;i++)
      {
          //向 PE0~PE7 输出低电平
          HAL_GPIO_WritePin(GPIOE,0x00FF,GPIO_PIN_RESET);
          //依次向 PE0~PE7 输出高电平
          HAL_GPIO_WritePin(GPIOE,1<<i,GPIO_PIN_SET);
          HAL_Delay(1000);
      }
  }
}
```

3. 基于 STM32F103 嵌入式实验箱运行

仿照第 3.1 节中的步骤对该 STM32 工程进行实物运行。

3.4 LED 跑马灯控制

3.4.1 基于 Proteus 虚拟仿真的 LED 跑马灯控制

使用 STM32F103R6 芯片的 PC0～PC7 引脚分别接 8 个 LED 的阴极，通过引脚输出 "1"和"0"实现跑马灯效果，如图 3-24 所示。要求使用 Protrus 软件进行虚拟仿真，其中，排阻 RN1 使用 RX8，LED0～LED7 使用 LED-GREEN。

跑马灯效果就是先一个一个点亮，直至全部点亮；再一个一个熄灭；循环上述过程。

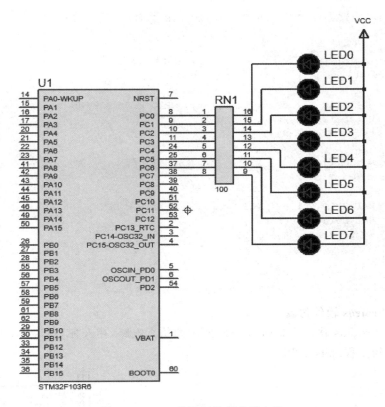

图 3-24　LED 跑马灯控制仿真电路

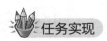

1. 使用 STM32CubeMX 新建 STM32 工程

（1）双击 STM32CubeMX 图标，在主界面中选择 File→New Project 菜单命令，在 Commercial Part Number 右边的下拉框中输入 STM32F103R6。

（2）单击 Pinout & Configuration 选项卡，为 PC0～PC7 引脚分别设置 GPIO_Output 工作模式。

（3）单击 Project Manager 选项卡。在 Project Name 中输入 Code；Project Location 设置为"E:\Users\chen\Desktop\STM32\3.4\"；在 Toolchain/IDE 中选择 MDK-ARM。

2. 在 Keil MDK 中配置 STM32 工程，并编程

```
#include "main.h"
void SystemClock_Config(void);
static void MX_GPIO_Init(void);
int main(void)
{
  uint16_t temp,i;
  HAL_Init();
  SystemClock_Config();
  MX_GPIO_Init();
```

```
HAL_GPIO_WritePin(GPIOC,0x00FF,GPIO_PIN_SET);
while (1)
{
    temp = 0x0001;                         //表示 0 号引脚
    for(i=0;i<8;i++)
    {
        HAL_GPIO_WritePin(GPIOC,temp, GPIO_PIN_RESET);
        HAL_Delay(100);
        temp = (temp<<1)+1;
    }
    temp=0x0080;                           //表示 7 号引脚
    for(i=0;i<8;i++)
    {
        HAL_GPIO_WritePin(GPIOC,temp, GPIO_PIN_SET);
        HAL_Delay(100);
        temp = (temp>>1)+0x0080;
    }
}
```

3. 使用 Proteus 软件仿真

（1）使用 Proteus 软件绘制如图 3-25 所示的仿真电路，存入"E:\Users\chen\Desktop\STM32\3.4\新工程.pdsprj"中。

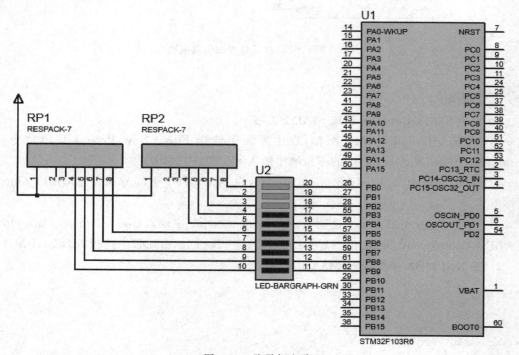

图 3-25 跑马灯电路

（2）双击 STM32F103R6 芯片，在 Program File 中选择 STM32 工程生成的 hex 文件。

（3）在原理图绘制窗口单击"播放"按钮，仿真运行 STM32 工程。

3.4.2 基于 STM32F103 嵌入式实验箱的 LED 跑马灯控制

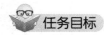

任务目标

在百科荣创 STM32F103 核心板中,STM32F103VCT6 芯片有 8 个 LED,采用共阴极接法,其阳极分别接在 PE0~PE7 引脚上,如图 3-12 所示。通过引脚输出"1"和"0"实现跑马灯效果。要求使用实验箱进行实际操作。

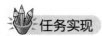

任务实现

1. 使用 STM32CubeMX 新建 STM32 工程

(1) 双击 STM32Cube MX 图标,在主界面中选择 File→New Project 菜单命令,在 Commercial Part Number 右边的下拉框中输入 STM32F103VCT6。

(2) 单击 Pinout & Configuration 选项卡,为 PE0~PE7 引脚分别设置 GPIO_Output 工作模式。

(3) 单击 Project Manager 选项卡。在 Project Name 中输入 Entity;在 Project Location 中设置"E:\Users\chen\Desktop\STM32\3.4\";在 Toolchain/IDE 中选择 MDK-ARM。

2. 在 Keil MDK 中配置 STM32 工程,并编程

```
#include "main.h"
void SystemClock_Config(void);
static void MX_GPIO_Init(void);
int main(void)
{
  uint16_t temp,i;
  HAL_Init();
  SystemClock_Config();
  MX_GPIO_Init();
  while (1)
  {
     temp = 0x0001;                        //表示 0 号引脚
     for(i=0;i<8;i++)
     {
        HAL_GPIO_WritePin(GPIOE,temp, GPIO_PIN_SET);
        HAL_Delay(100);
        temp = (temp<<1)+1;
     }
     temp=0x0080;                          //表示 7 号引脚
     for(i=0;i<8;i++)
     {
        HAL_GPIO_WritePin(GPIOE,temp, GPIO_PIN_RESET);
        HAL_Delay(100);
        temp = (temp>>1)+0x0080;
     }
  }
}
```

3. 基于 STM32F103 嵌入式实验箱运行

仿照第 3.1 节中的步骤对该 STM32 工程进行实物运行。

拓展阅读

我国 LED 产业在全球的地位显著

首先,我国 LED 产业的产值规模和市场份额在全球处于领先地位。根据赛迪研究院的数据,2021 年中国占全球 LED 行业产值的 66%,表明中国是全球生产能力最强、产量最大的 LED 产品生产基地,在 LED 照明、LED 显示领域的生产能力上均处于领先地位。此外,我国 LED 产业从芯片、封装到应用的各个环节,产值占比均为全球第一,成为全球最大的 LED 生产基地,并且保持了 25% 以上的较高增速持续发展。

其次,我国 LED 产业的技术水平和创新能力不断提升。我国在 863 计划的支持下,LED 照明技术不断进步,发光效率、技术性能、产品品质等大幅提升。随着 LED 芯片技术和制程的持续更新迭代,我国 LED 光源制造和配套产业的生产制造技术升级,终端产品规模化生产的成本经济性提高。在显示领域,如京东方等企业在全球市场占据重要地位,其 2023 年度的营业总收入达到 1745 亿元人民币,全球每四块显示屏中就有一块是京东方生产的。

最后,我国 LED 产业的国际竞争力不断增强。我国 LED 产业最早由中下游封装和应用环节起步,逐步向上游拓展,逐渐形成完整的 LED 产业链。企业通过收购海外厂商、与经销商合作、在海外设立子公司等策略实现了一定的海外布局,并在高端领域取得了一定的突破。例如,国内 LED 显示屏企业陆续进入全球 LED 电影屏市场,通过 DCI 认证,打破了国际巨头的垄断地位。

(资料来源:2023 年中国 LED 行业出海现状分析 行业整体国际竞争力较强[EB/OL].(2024-01-04)[2024-11-04]. https://bg.qianzhan.com/report/detail/300/240104-fdf4465e.html.)

练 习 题

一、填空题

1. 在 HAL 库中,引脚号有两种表示方式:_____ 和 _____,如 1、3、7 号引脚可表示成 _____,也可表示成 _____。
2. 创建 STM32 工程时,工程文件的扩展名是 _____,生成的可执行文件的扩展名是 _____ 和 _____。
3. STM32 芯片 I/O 引脚有四种输入模式:_____,四种输出模式:_____。
4. 使用 STM32CubeMX 新建 STM32 工程时,工程文件所在路径中 _____ 出现汉字。

二、简答题

1. 基于 HAL 库写一个初始化 PE4-PE7 引脚的函数。
2. 基于 HAL 库写代码:向 PA0-PA15 输出 16 位电平 temp。

三、实训题

使用 STM32F103R6 芯片的 PB0~PB9 引脚分别接 10 个 LED 的阴极,通过程序控制实现跑马灯效果。跑马灯电路如图 3-25 所示。要求使用 Proteus 软件进行虚拟仿真,其中,电阻包 RP1 使用 RESPACK-7,指示灯柱形图 U2 使用 LED-BARGRAPH-GRN。

第 4 章

数码管显示设计与实现

一个数码管由多个 LED(简称位段)组成,用于显示一个数字或大小写字母。数码管要正常显示,就要用驱动电路驱动数码管的各个位段。本章基于 STM32 单片机的引脚驱动数码管的各个位段。

知识目标
(1) 了解 LED 数码管的内部结构和引脚特性。
(2) 熟悉数字、字母的共阴极字形码。
(3) 理解 n 个数码管一起工作时的两种显示方式,比较它们各自的特点。

技能目标
(1) 学会编写 STM32 工程实现数码管的静态显示。
(2) 学会编写 STM32 工程实现数码管的动态显示。

素养目标
(1) 对比静态显示的高能耗缺陷,动态显示以分时复用减少硬件资源消耗,启发学生从技术革新中践行"勤俭节约"的传统美德。
(2) 动态显示中每个数码管轮流工作,看似独立,实则共同构成完整显示效果,体现"各尽其责、协同共生"的集体主义价值观。

4.1 数码管静态显示设计与实现

4.1.1 数码管的结构和字形码

在嵌入式电子产品中,显示器是人机交互的重要组成部分。嵌入式电子产品常用的显示器有 LED 和 LCD 两种,LED 数码显示器(简称数码管)价格低廉、体积小、功耗低、可靠性好,因此得到广泛应用。在超声波传感器模块、红外测温传感器模块中都有嵌入数码管。

1. 数码管的结构和工作原理

单个 LED 数码管由 8 个 LED 组成,其中有 7 个条形 LED 和 1 个小圆点 LED,如图 4-1 所示。当 LED 导通时,相应的位段点亮发光,用于显示数字 0~9、小数点及大小写字母。在符号和引脚图中,dp 表示 decimal point(小数点),COM 表示公共端。LED 数码管分为共阴极和共阳极两种结构。

1) 共阴极结构
共阴极结构是把所有 LED 的阴极作为公共端(COM)连起来,接低电平,通常接地。通

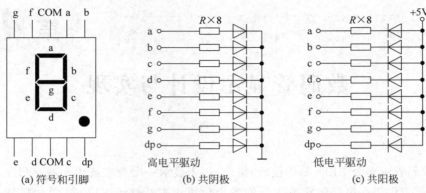

图 4-1　LED 数码管引脚及内部结构

过控制每一个 LED 的阳极电平使其发光或熄灭,阳极为高电平时 LED 发光,为低电平时 LED 熄灭。

2) 共阳极结构

共阳极结构是把所有 LED 的阳极作为公共端(COM)连起来,接高电平,通常接电源(如+5V)。通过控制每一个 LED 的阴极电平使其发光或熄灭,阴极为低电平时 LED 发光,为高电平时 LED 熄灭。

2. 数码管的字形编码

数码管要显示字符,必须在它的 8 个位段上加上相应的电平组合,即一个 8 位数据,这个数据称为该字符的字形码。8 个位段的编码规则如表 4-1 所示。

表 4-1　数码管的编码规则

D7	D6	D5	D4	D3	D2	D1	D0
dp	g	f	e	d	c	b	a

共阴极和共阳极数码管的字形编码是不同的,两种结构的字形编码如表 4-2 所示。

表 4-2　LED 数码管的字形编码表

显示字符	共阴极字形码	共阳极字形码	显示字符	共阴极字形码	共阳极字形码
0	3FH	C0H	D	5EH	A1H
1	06H	F9H	E	79H	86H
2	5BH	A4H	F	71H	8EH
3	4FH	B0H	H	76H	89H
4	66H	99H	L	38H	C7H
5	6DH	92H	P	73H	8CH
6	7DH	82H	U	3EH	C1H
7	07H	F8H	y	6EH	91H
8	7FH	80H	r	31H	CEH
9	6FH	90H	--	40H	BFH
A	77H	88H	.	80H	7FH
B	7CH	83H	8.	FFH	00H
C	39H	C6H	灭	00H	FFH

从编码表可以看出,对于同一个字符,共阴极和共阳极的字形码是反相的。例如,字符"0"的字形码如表 4-3 所示。

表 4-3 字符"0"的字形码表

位段	dp	g	f	e	d	c	b	a
共阴极字形码	0	0	1	1	1	1	1	1
共阳极字形码	1	1	0	0	0	0	0	0

向数码管的位段输入某字符的 8 位字形码,就能显示该字符。

3. n 个数码管的显示方式

当 n 个数码管一起工作时,有两种以下显示方式。

1) 静态显示

各个数码管的公共端连在一起。每个数码管的 8 个位段分别连接 STM32 不同组的 I/O 引脚。只要同一组 I/O 引脚有字形码输出,数码管就显示相应字符。在静态显示中,n 个数码管允许同时显示。

2) 动态显示

各个数码管的公共端用作"位选端"。所有数码管的 8 个位段共用 STM32 的同一组 I/O 引脚。在一个时间段,只能选中一个数码管的"位选端",被选中的数码管的 8 个位段才能与 STM32 的 I/O 引脚相连。只要 I/O 引脚有字形码输出,被选中的数码管就显示相应字符。

在动态显示中,n 个数码管轮流点亮,即分时显示。由于人的视觉惰性,当每个数码管点亮的时间短到一定程度时(以 1ms 为宜),人眼就感觉不出字符的移动或闪烁,好像每个数码管一直在显示。

4.1.2 基于 Proteus 虚拟仿真

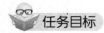

任务目标

使用 STM32F103R6 芯片的 PC0~PC15 引脚分别接两个共阴极 LED 数码管,其中个位数码管接 PC0~PC6,十位数码管接 PC8~PC14。采用静态显示方式,使两位数码管循环显示 0~20。如图 4-2 所示,要求使用 Proteus 软件进行虚拟仿真,其中,数码管使用七段共阴极数码管 7SEG-COM-CATHODE。

任务实现

1. 使用 STM32CubeMX 新建 STM32 工程

(1) 双击 STM32Cube MX 图标,在主界面中选择 File→New Project 菜单命令,在 Commercial Part Number 右边的下拉框中输入 STM32F103R6。

(2) 单击 Pinout & Configuration 选项卡,为 PC0~PC6、PC8~PC14 引脚分别设置 GPIO_Output 工作模式。

(3) 单击 Project Manager 选项卡。在 Project Name 中输入 Code;Project Location 设置为"E:\Users\chen\Desktop\STM32\4.1\";在 Toolchain/IDE 中选择 MDK-ARM。

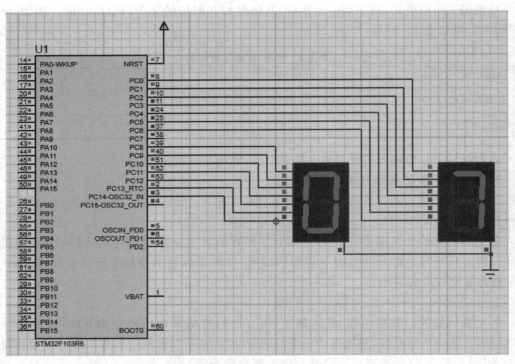

图 4-2 数码管静态显示仿真电路

2. 在 Keil MDK 中配置 STM32 工程，并编程

```
#include "main.h"
void SystemClock_Config(void);
static void MX_GPIO_Init(void);
//定义 0~9 十个数字的字形码
uint16_t  table[]={0x3f,0x06,0x5b,0x4f,0x66,0x6d,0x7d,0x07,0x7f,0x6f};
uint16_t  disp[2];
uint16_t  temp,i,j;
int main(void)
{
  HAL_Init();
  SystemClock_Config();
  MX_GPIO_Init();
  while (1)
  {
    for(i=0;i<=20;i++)
    {
        disp[1]=table[i/10];        //拟向十位数码管输入的字符字形码
        disp[0]=table[i%10];        //拟向个位数码管输入的字符字形码
        temp=(disp[1]<<8)|disp[0];  //将两个字符的字形码进行合并,构成 16 位电平
        for(j=0;j<16;j++)
        { /*1<<j 表示 j 号引脚;如果 temp 中的 j 位(0-15)为 0,就向 j 号引脚输出低电平,否
则向 j 号引脚输出高电平*/
            if((temp&1<<j)==0)HAL_GPIO_WritePin(GPIOC,1<<j,GPIO_PIN_RESET);
            else HAL_GPIO_WritePin(GPIOC,1<<j,GPIO_PIN_SET);
        }
```

```
        HAL_Delay(500);
    }
  }
}
```

3. 使用 Proteus 软件仿真

（1）使用 Proteus 软件绘制如图 4-2 所示的仿真电路，存入"E:\Users\chen\Desktop\STM32\4.1\新工程.pdsprj"中。

（2）双击 STM32F103R6 芯片，在 Program File 中选择 STM32 工程生成的 hex 文件。

（3）在原理图绘制窗口单击"播放"按钮，仿真运行 STM32 工程。

4.2　数码管动态显示设计与实现

4.2.1　基于 Proteus 虚拟仿真数码管动态显示

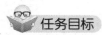

使用 STM32F103R6 芯片的 PB0～PB5 引脚分别接 6 位八段共阴极数码管的位选端，PC0～PC7 引脚分别接 6 位八段共阴极数码管的段选端，采用数码管动态显示方式，实现 6 个数码管显示 123456，如图 4-3 所示。要求使用 Proteus 软件进行虚拟仿真，其中，6 位八段共阴极数码管使用 7SEG-MPX6-CC。

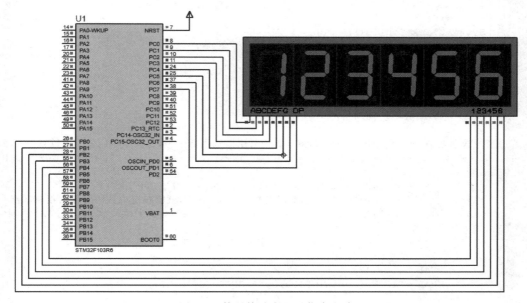

图 4-3　数码管动态显示仿真电路

（1）6 位八段共阴极数码管右下角为位选端，其中"1"表示选中左边开始的第 1 位数码管,"6"表示选中最右边的数码管。6 位八段共阴极数码管左下角为段选端,用于实现被选中数码管的 8 个位段与 STM32 的 8 个 I/O 引脚相连。

(2) 对于共阴极数码管来说,当其位选端(COM 端)输入低电平,表示选中该数码管。

任务实现

1. 使用 STM32CubeMX 新建 STM32 工程

(1) 双击 STM32Cube MX 图标,在主界面中选择 File→New Project 菜单命令,在 Commercial Part Number 右边的下拉框中输入 STM32F103R6。

(2) 单击 Pinout & Configuration 选项卡,为 PC0～PC7、PB0～PB5 引脚分别设置 GPIO_Output 工作模式。

(3) 单击 Project Manager 选项卡。在 Project Name 中输入 Code;Project Location 设置为"E:\Users\chen\Desktop\STM32\4.2\";在 Toolchain/IDE 中选择 MDK-ARM。

2. 在 Keil MDK 中配置 STM32 工程,并编程

```
#include "main.h"
void SystemClock_Config(void);
static void MX_GPIO_Init(void);
//位选端电平:当某位为低电平,表示选中相应位的数码管。如 0xfe 表示选中最右边的数码管
uint8_t wei[]={0xfe,0xfd,0xfb,0xf7,0xef,0xdf};
//向选中的数码管输入字符的字形码(0~9)
uint8_t table[]={0x3f,0x06,0x5b,0x4f,0x66,0x6d,0x7d,0x07,0x7f,0x6f};
uint8_t i,j;
int main(void)
    {
    HAL_Init();
    SystemClock_Config();
    MX_GPIO_Init();
    while (1)
    {
        for(i=0;i<=5;i++)
        {
            for(j=0;j<8;j++)
            {
//当位选端电平 wei[i]中的某位为 0,就向相应号引脚输出低电平,即选中相应位的数码管
            if(( wei[i]&1<<j)==0) HAL_GPIO_WritePin(GPIOB,1<<j,GPIO_PIN_RESET);
            else HAL_GPIO_WritePin(GPIOB,1<<j,GPIO_PIN_SET);
            //向 PC0-PC7 输出字形码电平 table[6-i],就能在选中数码管显示相应字符
            if(( table[6-i]&1<<j)==0) HAL_GPIO_WritePin(GPIOC,1<<j,GPIO_PIN_RESET);
            else HAL_GPIO_WritePin(GPIOC,1<<j,GPIO_PIN_SET);
            }
            HAL_Delay(1);
            HAL_GPIO_WritePin(GPIOB,0xff,GPIO_PIN_SET);
        }
    }
    }
```

3. 使用 Proteus 软件仿真

(1) 使用 Proteus 软件绘制如图 4-3 所示的仿真电路,存入"E:\Users\chen\Desktop\

STM32\4.2\新工程.pdsprj"中。

（2）双击 STM32F103R6 芯片，在 Program File 中选择 STM32 工程生成的 hex 文件。

（3）在原理图绘制窗口单击"播放"按钮，仿真运行 STM32 工程。

4.2.2　基于 STM32F103 嵌入式实验箱数码管动态显示

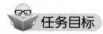

将 STM32F103VCT6 核心板的 PD(power delivery)接口用 20 针排线和超声波传感器的 J3 相连接。通过数码管动态扫描方式实现超声波传感器的 4 位数码管显示 1234，如图 4-4 所示。要求使用实验箱进行实际操作，其中 LG4042AH 是 4 位共阴极数码管。

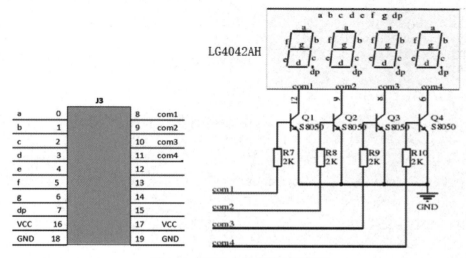

图 4-4　超声波传感器模块示意图

任务说明

（1）在超声波传感器模块中，有一个 4 位共阴极数码管和 J3 接口。

（2）在各位共阴极数码管"位选端"的下方各连接一个 NPN 型三极管，三极管起反相器的作用。

（3）若 J3 接口的 comx 引脚输出高电平，经反相后变为低电平，则表示选中 comx 数码管。

（4）J3 接口的低 8 位（0～7 号）用于向选中的数码管输出字符的字形码，于是在该数码管显示相应的字符。

任务实现

1. 使用 STM32CubeMX 新建 STM32 工程

（1）双击 STM32Cube MX 图标，在主界面中选择 File→New Project 菜单命令，在 Commercial Part Number 右边的下拉框中输入 STM32F103VCT6。

（2）单击 Pinout & Configuration 选项卡，为 PD0～PD11 引脚分别设置 GPIO_Output 工作模式。

(3) 单击 Project Manager 选项卡。在 Project Name 中输入 Entity；在 Project Location 中设置"E:\Users\chen\Desktop\STM32\4.2\"；在 Toolchain/IDE 中选择 MDK-ARM。

2. 在 Keil MDK 中配置 STM32 工程，并编程

```
#include "main.h"
void SystemClock_Config(void);
static void MX_GPIO_Init(void);
//选中数码管:依次选中 com1~com4 数码管
uint16_t wei[4]={0x1,0x2,0x4,0x8};
//向选中的数码管输入字形码(0~9)
uint8_t table[10]={0x3f,0x06,0x5b,0x4f,0x66,0x6d,0x7d,0x07,0x7f,0x6f};
uint16_t i,j,temp;
int main(void)
{
  HAL_Init();
  SystemClock_Config();
  MX_GPIO_Init();
  while (1)
  {
     for(i=1;i<=4;i++)
   {
       temp= (wei[i-1]<<8)|table[i]; //将位码左移 8 位后与字形码合并
       //向 PD0-PD11 输出 12 位电平 temp
       for (j=0;j<=11;j++)
       {
          if((temp&1<<j)==0) HAL_GPIO_WritePin(GPIOD,1<<j,GPIO_PIN_RESET);
          else HAL_GPIO_WritePin(GPIOD,1<<j,GPIO_PIN_SET);
        }
       HAL_Delay(1);
   }
  }
}
```

3. 基于 STM32F103 嵌入式实验箱运行

(1) 连线：将 STM32 核心板的 PD 接口用 20 针排线和超声波传感器模块的 J3 相连接。
(2) 仿照第 3.1 节中的步骤对该 STM32 工程进行实物运行。

国产数码管的发展趋势

技术进步：国产数码管经历了从 Nixie 管到 LED 数码管再到 OLED 数码管的演变过程。Nixie 管能够在真空管内显示数字,但功耗较高。LED 数码管采用半导体材料,具有更低的功耗和更长的寿命。而 OLED 数码管则采用有机材料,能够实现更高的分辨率和更广的色域。

应用场景的扩展：国产数码管在计算机、电子表、计时器、电子秤等方面有广泛应用。随着技术的进步,OLED 数码管因具有高分辨率和低功耗的特性,逐渐被应用于智能手表、智能手机等移动设备中。

市场前景：国产数码管市场前景广阔,尤其是在智能穿戴设备、智能家居等领域有巨大的发展潜力。随着人工智能和物联网技术的发展,国产数码管将在更多领域得到应用。

国际竞争力：国产数码管在国际市场上也表现出较强的竞争力，尤其是在 LCD 和 OLED 领域，中国已占据全球市场的重要份额。未来，国产数码管在 Micro-LED 等下一代显示技术领域也有望取得突破。

（资料来源：中国 LED 数码管行业市场发展前景及发展趋势与投资战略研究报告（2025—2030 版）[EB/OL]．(2024-06)[2024-11-12]．https://www.51baogao.cn/baogao/20240905/1493149.shtml．）

练 习 题

一、填空题

1. LED 数码管分为_____和_____两种结构。
2. 字符"0"的共阴极字形码是_____、共阳极字形码是_____。
3. 在静态显示时，各个数码管的公共端_____。每个数码管的 8 个_____分别连接 STM32 _____组的 I/O 引脚。
4. 在动态显示时，各个数码管的公共端用作_____。所有数码管的 8 个_____共用 STM32 的_____组 I/O 引脚。
5. 在静态显示时，n 个数码管允许_____显示。在动态显示时，n 个数码管轮流点亮，即_____显示。

二、简答题

1. 数码管 8 个位段的编码规则如何？
2. 在图 4-4 中，NPN 型三极管起反相器的作用，试分析原因。

三、实训题

使用 STM32F103R6 芯片的 PB0～PB5 引脚分别接 6 位八段共阴极数码管的位选端，PC0～PC7 引脚分别接 6 位八段共阴极数码管的段选端，采用数码管动态显示方式，实现 6 个数码管显示 654321，如图 4-5 所示。要求使用 Proteus 软件进行虚拟仿真，其中，6 位八段共阴极数码管使用 7SEG-MPX6-CC，集成电路芯片 U2 使用 74LS245。

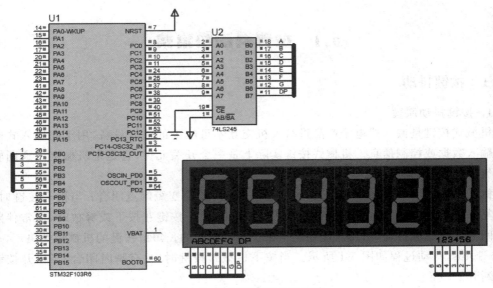

图 4-5 数码管动态显示电路

第 5 章

按键控制设计与实现

在 STM32 单片机中,每当 STM32 内置外设或外部设备需要执行某项操作时,就向 Cortex-M3 发出中断请求,此时,Cortex-M3 暂停当前工作,转而执行中断服务程序。本章以按键作为外部设备,当按下按键时,就向 Cortex-M3 发出中断请求。

知识目标
(1) 了解机械式按键抖动的原理和消抖方法。
(2) 掌握中断的意义和分类、外部中断原理。
(3) 熟悉抢占优先级和响应优先级的区别。

技能目标
(1) 掌握中断服务函数、中断回调函数的调用关系和使用场景。
(2) 掌握外部设备引发的外部中断程序的编写方法。

素养目标
将"中断优先级"看成事情的轻重缓急,大学生活是丰富多彩的,要做的事情很多,引导学生把上课学习、技能竞赛放在首要位置,旅游和娱乐放在次要位置。要求大学生做好每天、每周的规划以及职业生涯规划。

在教学中,引导学生加强科学思维方法的训练,培养学生探索未知、追求真理、勇攀科学高峰的责任感和使命感。

5.1 按键抖动和消抖

5.1.1 按键抖动

1. 按键抖动原理

机械式按键是嵌入式电子产品进行人机交互不可缺少的输入设备,用于向嵌入式电子产品输入数据或控制信息。机械式按键实际上是一个开关元件,它是把机械上的通断转换为电气上的逻辑关系。

机械式按键下方有弹簧和触点,当按下按键时,弹簧变短触点闭合;当松开按键时,弹簧恢复原状,触点断开。由于机械触点的弹性作用,一个按键在按下或释放时,通常伴随一定时间的触点机械抖动,然后才能稳定下来。抖动时间的长短由按键的机械特性决定,一般为 5~10ms,抖动过程如图 5-1 所示。当按下机械式按键时,只有瞬时闭合,当松开按键时立即断开。

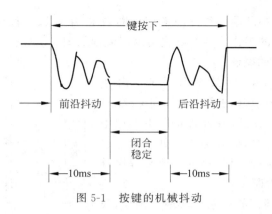

图 5-1 按键的机械抖动

2. 按键抖动引发的问题

若有抖动存在,按键按下会被错误地认为是多次操作,导致一次按键被 MCU 误读多次。为确保 MCU 对按键的一次闭合仅作一次处理,必须消除键抖动。消除按键抖动常用硬件去抖和软件去抖两种方法,本书只介绍软件去抖。

5.1.2 消抖方法

通常使用软件方法去抖。在检测到有按键按下时,执行一个 10ms 左右的延时程序后,再确认该键是否仍保持闭合状态的电平,若仍保持,则可以确认该键稳定闭合了。同理,在检测到该键释放后,也采用相同的步骤进行确认,从而可消除抖动的影响。软件去抖的流程如图 5-2 所示。

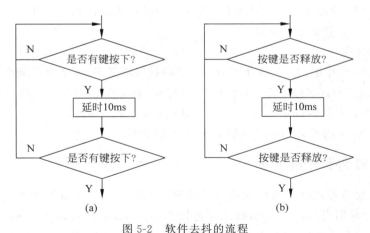

图 5-2 软件去抖的流程

5.2 STM32 外部中断

5.2.1 STM32 中断及分类

中断是 STM32 的核心技术,用于解决快速 Cortex-M3 与慢速外围元器件之间的矛盾。当外围元器件需要通过 Cortex-M3 执行某项操作时,发出中断请求,Cortex-M3 暂停当前工作,保存断点,转而执行中断服务程序以响应中断请求,中断服务程序执行完毕后,CPU 返回断点处继续执行原来的工作。中断响应与返回流程如图 5-3 所示。

1. 中断(interrupt)的概念

当 Cortex-M3 正在执行某个程序时,由于 STM32 内部或外部原因引起的紧急事件向 Cortex-M3 发出中断请求,Cortex-M3 在允许情况下响应中断请求,暂停执行当前程序,而转去执行处理紧急事件的程序,待紧急事件执行完毕,再返回原来程序继续执行,这一过程称为中断。

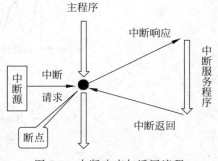

图 5-3 中断响应与返回流程

在日常生活中,"中断"的现象很普遍。例如,我正在打扫卫生,突然电话铃响了,我立即"中断"正在做的事转去接电话,接完电话,回头继续打扫卫生。在这里,接电话就是随机而又紧急的事件,必须去处理。

2. 中断源和中断服务程序

引发中断的设备或事件称为中断源。每个中断源都对应着一个中断服务程序,用于完成中断源要求的特定任务。

用于处理中断请求的程序称为中断服务程序。当中断源有中断请求时,才转去执行中断服务程序。由于中断请求的随机性,中断服务程序的执行也是随机的。

3. 中断标志位

每个中断源都有对应的中断标志位。

当 Cortex-M3 开始响应一个中断时,对应的中断标志位自动置 1,在中断服务函数执行完成后,应该人工将中断标志位清零。

4. 中断的分类

STM32 有 84 个中断,包括 16 个 Cortex-M3 内核中断线和 68 个可屏蔽中断通道,可设置 16 级中断优先级。但在 STM32F103 系列中,只有 60 个可屏蔽中断通道,即 STM32F103 系列的中断分为两类:一是内部中断,由 Cortex-M3 内核产生的中断,共 16 个;二是外部(可屏蔽)中断,由 STM32 内置外设和外部设备所产生的中断,共 60 个。

5.2.2 STM32 外部中断原理

STM32 的所有 GPIO 引脚均支持外部中断,其中 0~15 号引脚作为外部中断的输入口,16~18 号为专用引脚:16 号引脚用于连接 PVD(programmable voltage detector,可编程电压监测器)、17 号引脚连接 RTC 闹钟事件、18 号引脚连接 USB 唤醒事件。

外部中断源可分为内置外设和 STM32 外部设备。所有中断只能通过指定的中断通道向 Cortex-M3 发出中断请求,中断通道是 Cortex-M3 用来接收和处理中断的接口,如图 5-4 所示。

1. 内置外设

内置外设作为 STM32 芯片的组成部件,其引脚与固定的 GPIO 引脚直接连接,通过固定 GPIO 引脚向 Cortex-M3 发出中断请求。使用的中断通道为:外设名称_IRQn。例如,TIM1 的中断通道为 TIM1_IRQn。

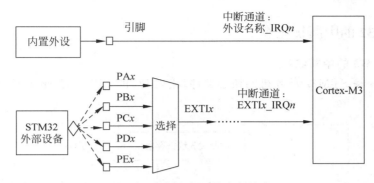

图 5-4 外部中断源的中断请求

2. STM32 外部设备

STM32 外部设备可自行选择一个 GPIO 引脚向 Cortex-M3 发出中断请求。使用的中断通道为 E+XTIx_IRQn(其中 x 为 0~15)。

1) 中断线

把不同接口(GPIOA~GPIOE)、同一个序号的引脚组成一组,每组对应一个中断线 EXTI_Line$x$(简写为 EXTIx,其中 x 为 0~15),共有 16 个中断线,如图 5-5 所示。同一个序号的引脚中,同一时刻只允许一个引脚有中断输入。例如,在 PA0、PB0、PC0、PD0、PE0 中,每一时刻只能设置一个为中断输入线,每一时刻最多只能有 16 个外部设备通过中断线发出中断请求。

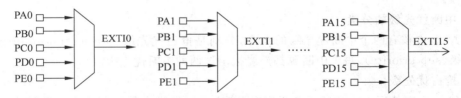

图 5-5 GPIO 引脚与外部中断的连线关系

2) 基于中断线的中断通道

在标准库中,中断线 EXTI0~EXTI4 各自占用一个独立的中断通道,EXTI5~EXTI9 共用一个中断通道,EXTI10~EXTI15 也共用一个中断通道。即基于中断线,标准库只提供 7 个中断通道,每个中断通道对应一个中断服务函数,如表 5-1 所示。

表 5-1 中断线、中断通道、中断服务函数对应关系

中断线	中断通道	中断服务函数	备注
EXTI0	EXTI0_IRQn	EXTI0_IRQHandler()	
EXTI1	EXTI1_IRQn	EXTI1_IRQHandler()	
EXTI2	EXTI2_IRQn	EXTI2_IRQHandler()	
EXTI3	EXTI3_IRQn	EXTI3_IRQHandler()	
EXTI4	EXTI4_IRQn	EXTI4_IRQHandler()	
EXTI5~EXTI9	EXTI9_5_IRQn	EXTI9_5_IRQHandler()	EXTI 线[9:5]共用一个中断通道
EXTI10~EXTI15	EXTI15_10_IRQn	EXTI15_10_IRQHandler()	EXTI 线[15:10]共用一个中断通道

5.2.3 STM32 的中断优先级

1. Cortex-M3 的中断结构

Cortex-M3 是 STM32 单片机的核心部件，相当 PC 的 CPU。Cortex-M3 的中断结构如图 5-6 所示。

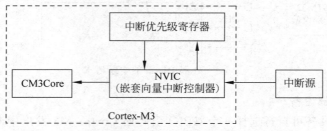

图 5-6 Cortex-M3 的中断结构

（1）中断源首先向 NVIC（嵌套向量中断控制器）发出中断请求。

（2）每个 NVIC 支持 19 个中断请求，其中 16 个为内置外设或 STM32 外部设备的中断请求。

（3）中断优先级寄存器共 8 位，但仅使用其中的高 4 位，可以设置 16 级中断优先级。

（4）NVIC 按优先级从高到低的顺序依次将中断请求送往 CM3Core 的 INTR（可屏蔽中断）引脚。

2. 中断优先级的分类

STM32 内核有两个中断优先级的概念，分别是抢占优先级（preemption priority）和响应优先级（sub priority），每个中断源都需要指定这两种中断优先级。

1）抢占优先级

CM3Core 在执行一个中断服务程序时，若抢占优先级高的中断源有中断请求，那么抢占优先级低的中断服务程序被中断，转去执行抢占优先级高的中断服务程序，即中断嵌套。如图 5-7 所示。

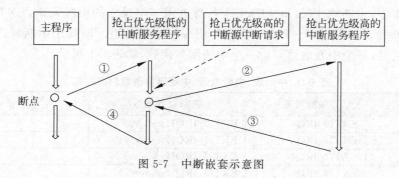

图 5-7 中断嵌套示意图

2）响应优先级

若两个中断源的抢占优先级相同，CM3Core 在执行一个中断服务程序时，即使响应优先级高的中断源有中断请求，也不能打断响应优先级低的中断服务程序的执行。只有当原来的中断服务程序执行完毕，才能执行新的中断服务程序，即单级中断，如图 5-8 所示。

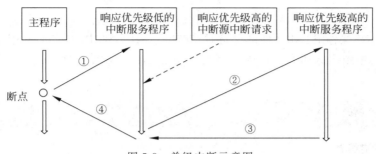

图 5-8　单级中断示意图

3. 中断优先级的分组设置

中断优先级寄存器提供 4 位用于设置中断优先级,先设置抢占优先级的位数,后设置响应优先级的 4 位。根据抢占优先级的位数可将中断优先级分为 5 组,如表 5-2 所示。

表 5-2　STM32 中断优先级分组

分组	抢占优先级位数	响应优先级位数	取值范围
0	0	4	抢占优先级共 1 级(取值:0) 响应优先级共 16 级(取值:0~15)
1	1	3	抢占优先级共 2 级(取值:0~1) 响应优先级共 8 级(取值:0~7)
2	2	2	抢占优先级共 4 级(取值:0~3) 响应优先级共 4 级(取值:0~3)
3	3	1	抢占优先级共 8 级(取值:0~7) 响应优先级 2 级(取值:0~1)
4	4	0	抢占优先级共 16 级(取值:0~15) 响应优先级共 1 级(取值:0)

(1) 数值越小,优先级越高。即 0 级最高,15 级最低。

(2) 根据 STM32 工程中断响应的需要,用户首先选择一种中断优先级分组;然后设置各中断的抢占优先级和响应优先级。

例如,如果中断优先级分组选择 0 组时,抢占优先级只能设置 0 级,响应优先级只能设置 0~15 级;如果中断优先级分组选择 3 组时,抢占优先级只能设置 0~7 级,响应优先级只能设置 0~1 级。

4. 中断响应顺序

当有多个中断源同时向 Cortex-M3 发出中断请求时,抢占优先级高的中断先响应;抢占优先级相同的中断,响应优先级高的中断先响应。并且抢占优先级高的中断来了,可以打断正在运行的抢占优先级低的中断服务程序,执行抢占!但是相同抢占优先级的中断,是不能互相打断的。

5.2.4　基于 HAL 库的外部中断函数

1. 中断服务函数

格式:

```
void EXTIx_IRQHandler(void);
```

形参：空。

功能：当用户操作 STM32 外部设备时，就产生一次外部中断，自动调用中断线 $EXTIx$ (x 为 0～15) 的中断服务函数。该函数存在于 stm32f1xx_it.c 文件中。

应用举例：

```
EXTI1_IRQHandler();
```

2. 中断回调函数

格式：

```
void HAL_GPIO_EXTI_Callback(uint16_t GPIO_Pin);
```

形参：GPIO_Pin 为中断线所在的引脚号，如 GPIO_PIN_0。

功能：由中断线的中断服务函数自动调用中断回调函数。

应用举例：

```
HAL_GPIO_EXTI_IRQHandler(GPIO_PIN_0);
```

说明：

(1) 定义弱函数：

```
__weak  类型 函数名(形参说明表) {  }
```

(2) 在 stm32f1xx_hal_gpio.c 文件中，中断回调函数被定义成弱函数，即 __weak void HAL_GPIO_EXTI_Callback(uint16_t GPIO_Pin)。

(3) 若工程的任何源文件中没有与"弱函数"同名的函数，则编译器会编译该"弱函数"。若工程中有两个同名函数，一个弱函数，另一个非弱函数，则编译同名函数时，编译器会忽略"弱函数"而编译"非弱函数"。

因此，可以在 main.c 文件中编写没有标注 _weak 的中断回调函数，也可以直接在 stm32f1xx_hal_gpio.c 文件中编写中断回调函数的功能代码。

3. 宏定义：检查是否发生外部中断

格式：

```
#define __HAL_GPIO_EXTI_GET_IT(__EXTI_LINE__);
```

形参：__EXTI_LINE__ 为中断线所在的引脚号，如 GPIO_PIN_0。

功能：检查指定中断线是否发生了外部中断，返回值为 SET 或 RESET。一般用于中断服务函数的开头。

4. 宏定义：清除中断标志位

格式：

```
#define __HAL_GPIO_EXTI_CLEAR_IT(__EXTI_LINE__);
```

形参：__EXTI_LINE__为中断线所在的引脚号，如 GPIO_PIN_0。
功能：清除指定中断线的中断标志位。一般用于中断回调函数的结尾。

5.3　中断方式的按键控制

5.3.1　基于 Proteus 虚拟仿真的中断方式的按键控制

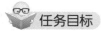 任务目标

仿真电路如图 5-9 所示，电路常态为流水灯状态（即循环点亮），当按下按钮 BTN0 时，8 个 LED 全亮全灭闪烁 3 次后再恢复到常态；当按下按钮 BTN1 时，8 个 LED 间隔交替闪烁 3 次后再恢复到常态，并且当 BTN0 与 BTN1 同时按下或者短时间内先后按下时，系统优先响应 BTN1。要求使用 Proteus 软件进行虚拟仿真。其中，按钮 BTN0、BTN1 使用 BUTTON，排阻 RN1 使用 RX8，电阻 R0、R1 使用 RES，发光二极管 D0～D7 使用 LED-YELLOW。

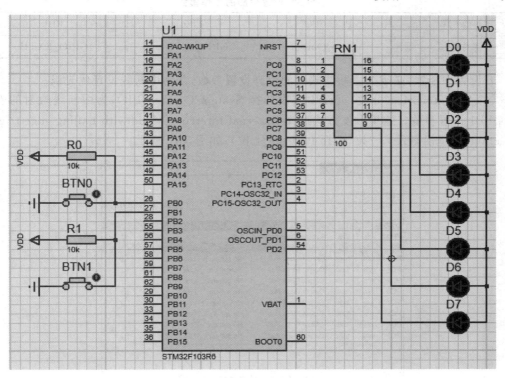

图 5-9　外部设备引发的外部中断仿真电路

任务说明

（1）中断源和中断线：按钮 BTN0、BTN1 是外部中断源，使用的中断线分别是 EXTI0、EXTI1。

（2）中断触发方式：当 BTN0、BTN1 断开时，向中断线 EXTI0、EXTI1 分别输入高电

平;当 BTN0、BTN1 按下时,向中断线 EXTI0、EXTI1 输入的电平由 1 变 0(即下降沿)。当中断线 EXTI0、EXTI1 分别捕获到下降沿信号时,就会向 Cortex-M3 发出中断请求,这称为下降沿触发。

(3)根据"BTN0 与 BTN1 同时按下或者短时间内先后按下时,系统优先响应 BTN1",说明 BTN1 对应的中断线 EXTI1 的优先级要高于 BTN0 对应的中断线 EXTI0,数值越小优先级越高。

任务实现

1. 使用 STM32CubeMX 新建 STM32 工程

(1)双击 STM32CubeMX 图标,在主界面中选择 File→New Project 菜单命令,在 Commercial Part Number 右边的下拉框中输入 STM32F103R6。

(2)单击 Pinout & Configuration 选项卡,为 STM32 相关引脚设置工作模式,如表 5-3 所示。

表 5-3 设置引脚的工作模式

I/O 引脚	PC0~PC7	PB0	PB1
工作模式	GPIO_Output	GPIO_EXTI0	GPIO_EXTI1

若设置中断线,必须为中断线映射的引脚设置参数,并为中断线设置优先级。

(3)在 Categories(分类)页面中依次选择 System Core→GPIO,为中断线映射的引脚 PB0、PB1 设置参数。这里触发方式选择 External Interrupt Mode with Falling edge trigger detection(下降沿触发);"拉"选择 Pull-up(上拉),如图 5-10 所示。

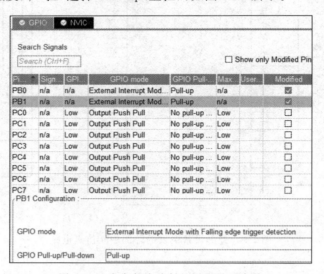

图 5-10 为中断线映射的引脚设置参数

(4)选择 System Core→NVIC,确定一个优先级组,设置 EXTI0、EXTI1 的优先级和使能。这里,优先级组选择 2 组,EXTI1 的中断优先级要高于 EXTI0,EXTI1 的抢占优先级和响应优先级均设为 1,EXTI0 的抢占优先级和响应优先级均设为 2,如图 5-11 所示。

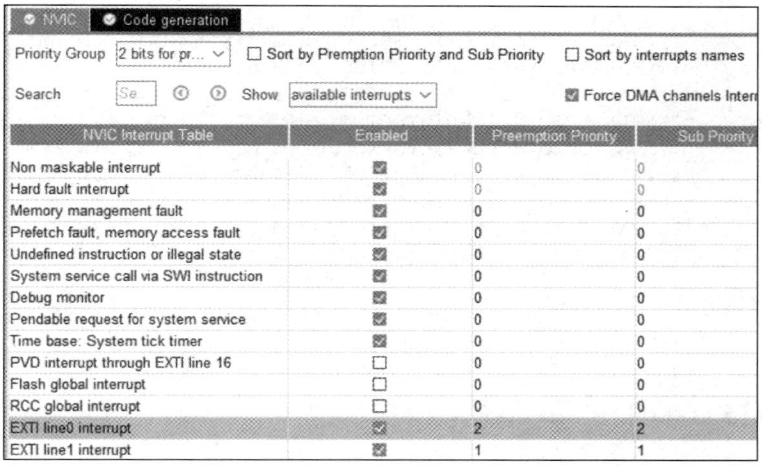

NVIC Interrupt Table	Enabled	Preemption Priority	Sub Priority
Non maskable interrupt	✓	0	0
Hard fault interrupt	✓	0	0
Memory management fault	✓	0	0
Prefetch fault, memory access fault	✓	0	0
Undefined instruction or illegal state	✓	0	0
System service call via SWI instruction	✓	0	0
Debug monitor	✓	0	0
Pendable request for system service	✓	0	0
Time base: System tick timer	✓	0	0
PVD interrupt through EXTI line 16	☐	0	0
Flash global interrupt	☐	0	0
RCC global interrupt	☐	0	0
EXTI line0 interrupt	✓	2	2
EXTI line1 interrupt	✓	1	1

图 5-11 为中断线设置优先级

（5）单击 Project Manager 选项卡。在 Project Name 中输入 Code；Project Location 设置为"E:\Users\chen\Desktop\STM32\5.3\"；在 Toolchain/IDE 中选择 MDK-ARM。

2. 在 Keil MDK 中配置 STM32 工程，并编程

main.c 程序如下。

```
#include "main.h"
void SystemClock_Config(void);
static void MX_GPIO_Init(void);
void ByteOut2PC(uint8_t dat);      //函数必须先定义(或先原型说明),再使用
int main(void)
{
  int8_t i;
  HAL_Init();
  SystemClock_Config();
  MX_GPIO_Init();
  while (1)
  {
     for(i=0;i<8;i++)
     {    //当 i=0 时,dat=0xfe;i=2 时,dat=0xfb;i=7 时,dat=0x7f
          ByteOut2PC((0xfe<<i)|(0xfe>>(8-i)));
          HAL_Delay(500);
     }
  }
}
//自定义函数:当 dat 中某几位为 0,就向 PC 接口的相应号引脚输出低电平(相应 LED 亮),其他引
   脚输出高电平
void ByteOut2PC(uint8_t dat)
{
    if(dat & 0x01) HAL_GPIO_WritePin(GPIOC,GPIO_PIN_0,GPIO_PIN_SET);
    else           HAL_GPIO_WritePin(GPIOC,GPIO_PIN_0,GPIO_PIN_RESET);
    if(dat & 0x02) HAL_GPIO_WritePin(GPIOC,GPIO_PIN_1,GPIO_PIN_SET);
    else           HAL_GPIO_WritePin(GPIOC,GPIO_PIN_1,GPIO_PIN_RESET);
    if(dat & 0x04) HAL_GPIO_WritePin(GPIOC,GPIO_PIN_2,GPIO_PIN_SET);
    else           HAL_GPIO_WritePin(GPIOC,GPIO_PIN_2,GPIO_PIN_RESET);
    if(dat & 0x08) HAL_GPIO_WritePin(GPIOC,GPIO_PIN_3,GPIO_PIN_SET);
```

```
        else        HAL_GPIO_WritePin(GPIOC,GPIO_PIN_3,GPIO_PIN_RESET);
    if(dat & 0x10) HAL_GPIO_WritePin(GPIOC,GPIO_PIN_4,GPIO_PIN_SET);
        else        HAL_GPIO_WritePin(GPIOC,GPIO_PIN_4,GPIO_PIN_RESET);
    if(dat & 0x20) HAL_GPIO_WritePin(GPIOC,GPIO_PIN_5,GPIO_PIN_SET);
        else        HAL_GPIO_WritePin(GPIOC,GPIO_PIN_5,GPIO_PIN_RESET);
    if(dat & 0x40) HAL_GPIO_WritePin(GPIOC,GPIO_PIN_6,GPIO_PIN_SET);
        else        HAL_GPIO_WritePin(GPIOC,GPIO_PIN_6,GPIO_PIN_RESET);
    if(dat & 0x80) HAL_GPIO_WritePin(GPIOC,GPIO_PIN_7,GPIO_PIN_SET);
        else        HAL_GPIO_WritePin(GPIOC,GPIO_PIN_7,GPIO_PIN_RESET);
}
//中断回调函数
void HAL_GPIO_EXTI_Callback(uint16_t GPIO_Pin)
{
    int8_t i;
    if(GPIO_Pin==GPIO_PIN_0)
    {
        for(i=0;i<3;i++)
        {
            ByteOut2PC(0xff);HAL_Delay(500);     //8个LED全灭
            ByteOut2PC(0   );HAL_Delay(500);     //8个LED全亮
        }
    }
    else if(GPIO_Pin==GPIO_PIN_1)
    {
        for(i=0;i<3;i++)
        {
            ByteOut2PC(0x55);HAL_Delay(500);     //D0、2、4、6灭;D1、3、5、7亮
            ByteOut2PC(0xaa);HAL_Delay(500);     //D0、2、4、6亮;D1、3、5、7灭
        }
    }
    __HAL_GPIO_EXTI_CLEAR_IT(GPIO_Pin);          //清除指定引脚的中断标志位
}
```

程序解释：只要按下按钮，就产生一次外部中断，就自动调用中断服务函数 EXTI1_IRQHandler()，由中断服务函数调用中断回调函数 HAL_GPIO_EXTI_Callback()，调用后返回 main()函数。

3. 使用 Proteus 软件仿真

（1）使用 Proteus 软件绘制如图 5-9 所示的仿真电路，存入"E:\Users\chen\Desktop\STM32\5.3\新工程.pdsprj"中。

（2）双击 STM32F103R6 芯片，在 Program File 中选择 STM32 工程生成的 hex 文件。

（3）在原理图绘制窗口单击"播放"按钮，仿真运行 STM32 工程。

（4）观察仿真效果：当按下按钮 BTN0 时（若 BTN0 原来是闭合的，则先断开再按下），观察仿真效果；当按下按钮 BTN1 时（若 BTN1 原来是闭合的，则先断开再按下），观察仿真效果；当 BTN0 与 BTN1 同时按下或者短时间内先后按下时，观察仿真效果。

5.3.2 基于 STM32F103 嵌入式实验箱的中断方式的按键控制

在 STM32F103VCT6 芯片中，有 8 个 LED：D1～D8，采用共阴极接法，其阳极分别接在 PE0～PE7 引脚上。有 4 个按键：S1、S2、S3、S4 分别接在 PD3、PD2、PD1、PD0 引脚上；

当S1按键按下时,PD3引脚经S1接地,被拉低为低电平;当S1未按下时,PD3引脚经上拉电阻R13接电源,被拉高为高电平,以此类推。

通过4个按键控制4个LED(D1~D3)。其中按键S1控制D1,按一次点亮,再按一次熄灭;同理,S2控制D2,S3控制D3,S4控制D4,如图5-12所示。

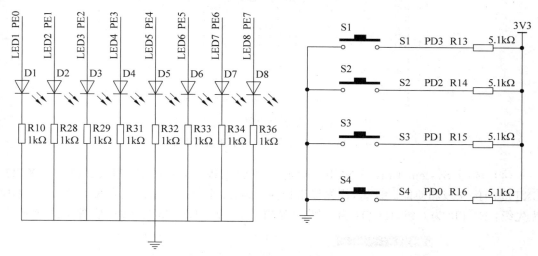

图 5-12　按键控制 LED 电路

 任务说明

(1) 中断源和中断线:按键S1、S2、S3、S4是外部中断源,使用的中断线分别是EXTI3、EXTI2、EXTI1、EXTI0。

(2) 中断触发方式:当按键断开时,向相应中断线输入高电平;当按键按下时,向相应中断线输入的电平由1变0(即下降沿)。当某个中断线捕获到下降沿信号时,就会向Cortex-M3发出中断请求,这称为下降沿触发。

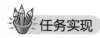 **任务实现**

1. 使用 STM32CubeMX 新建 STM32 工程

(1) 双击STM32CubeMX图标,在主界面中选择File→New Project菜单命令,在Commercial Part Number右边的下拉框中输入STM32F103VCT6。

(2) 单击Pinout & Configuration选项卡,为STM32相关引脚设置工作模式,如表5-4所示。

表 5-4　设置引脚的工作模式

I/O 引脚	PE0-PE3	PD0	PD1	PD2	PD3
工作模式	GPIO_Output	GPIO_EXTI0	GPIO_EXTI1	GPIO_EXTI2	GPIO_EXTI3

若设置中断线,必须为中断线映射的引脚设置参数,并为中断线设置优先级。

(3) 在Categories(分类)页面中依次选择System Core→GPIO,为中断线映射的引脚PD0、PD1、PD2、PD3设置参数。这里触发方式选择External Interrupt Mode with Falling edge trigger detection(下降沿触发);"拉"选择Pull-up(上拉),如图5-13所示。

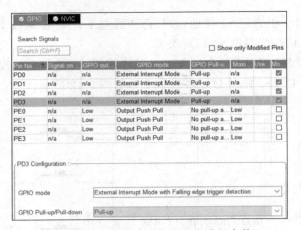

图 5-13 为中断线映射的引脚设置参数

（4）选择 System Core→NVIC，确定一个优先级组，设置 EXTI0、EXTI1、EXTI2、EXTI3 的优先级和使能。这里，优先级组选择 0 组；4 个中断线抢占优先级均为 0 级；响应优先级：EXTI0 为 0 级，EXTI1 为 1 级；EXTI2 为 2 级；EXTI3 为 3 级，如图 5-14 所示。

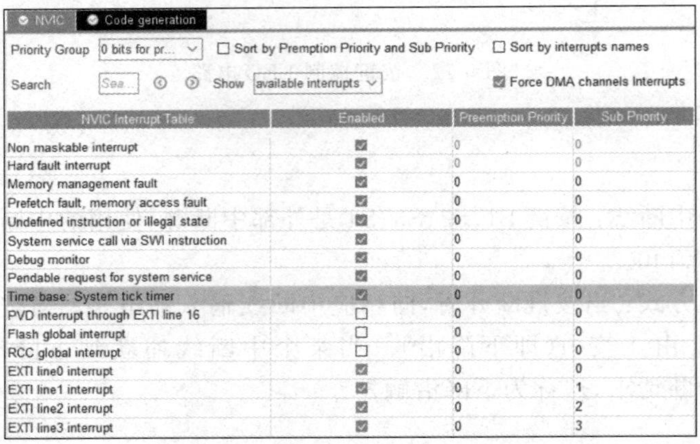

图 5-14 为中断线设置优先级

（5）单击 Project Manager 选项卡。在 Project Name 中输入 Entity；在 Project Location 中设置"E:\Users\chen\Desktop\STM32\5.3\"；在 Toolchain/IDE 中选择 MDK-ARM。

2. 在 Keil MDK 中配置 STM32 工程，并编程

main.c 程序如下。

```
#include "main.h"
void SystemClock_Config(void);
static void MX_GPIO_Init(void);
int main(void)
{
  HAL_Init();
  SystemClock_Config();
  MX_GPIO_Init();
  while (1);
```

```
}
//中断回调函数
void HAL_GPIO_EXTI_Callback(uint16_t GPIO_Pin)
{
  if (GPIO_Pin==GPIO_PIN_3) HAL_GPIO_TogglePin(GPIOE, GPIO_PIN_0);
    else if (GPIO_Pin==GPIO_PIN_2) HAL_GPIO_TogglePin(GPIOE, GPIO_PIN_1);
      else if (GPIO_Pin==GPIO_PIN_1) HAL_GPIO_TogglePin(GPIOE, GPIO_PIN_2);
        else HAL_GPIO_TogglePin(GPIOE, GPIO_PIN_3);
  __HAL_GPIO_EXTI_CLEAR_IT(GPIO_Pin);       //清除指定引脚的中断标志位
}
```

程序解释:只要按下按钮,就产生一次外部中断,自动调用中断服务函数,由中断服务函数调用中断回调函数 HAL_GPIO_EXTI_Callback(),调用完毕返回 main()。

3. 基于 STM32F103 嵌入式实验箱运行

(1) 仿照第 3.1 节中的步骤对该 STM32 工程进行实物运行。

(2) 通过 4 个按键控制 4 个 LED(D1~D3)。其中,按键 S1 控制 D1,按一次点亮,再按一次熄灭;同理,S2 控制 D2,S3 控制 D3,S4 控制 D4。

拓展阅读

中断请求的均衡方法将如何影响智能设备性能?

2024 年 11 月 27 日消息,华为技术有限公司在中断管理领域取得了一项重大突破,近日获得了一项名为"一种中断请求的均衡方法、装置和计算设备"的专利(授权公告号:CN117369986B)。该专利于 2023 年 8 月申请,预示着华为在提升智能设备性能和用户体验方面迈出了新的一步。

在现代计算设备中,中断请求的处理是保障系统流畅运行的关键环节。每当系统需要响应特定事件时,就会产生中断请求,而这些请求的处理效率直接影响到系统的性能和用户的使用体验。华为的新专利提出一种均衡的方法,通过优化中断请求的管理,使得系统能够在多任务并发处理时保持稳定性与响应速度。

专利的核心功能:华为的这项专利具体涉及如何有效地分配资源以处理多个中断请求。在当前使用的多核处理器架构下,合理的中断分配能够显著提高计算设备的处理效率,尤其是在高负载情况下,例如游戏、流媒体播放或复杂数据处理等场景。该技术通过智能算法动态优先级调整,确保关键任务始终得到优先处理,最大限度地减少延迟。

专利的应用前景:这项均衡方法的潜在应用范围极广,涵盖从智能手机到服务器的所有计算设备。通过优化中断请求的处理,华为能够在提升设备性能的同时,延长设备的使用寿命,降低能耗。这不仅符合当前绿色科技的趋势,更能增强消费者对设备的信任感,提升品牌忠诚度。

(资料来源:华为专利揭秘:中断请求的均衡方法将如何影响智能设备性能?[EB/OL].(2024-11-27)[2024-12-07]. https://www.sohu.com/a/830775759_121798711.)

练 习 题

一、填空题

1. STM32F103 系列的中断分为两类:一是由 Cortex-M3 内核产生的_____中断,共_____个;二是由 STM32 内置外设和外部设备所产生的_____中断,共_____个。

2. 中断通道是 Cortex-M3 用来接收和处理中断的_____。

3. 外部中断源可分为内置外设和 STM32 外部设备。内置外设使用的中断通道名称为_____，STM32 外部设备使用的中断通道名称为_____。

4. 针对 STM32 外部设备，STM32 共提供_____个中断线，_____个中断通道，_____个中断服务函数。

5. 根据 STM32 工程中断响应的需要，用户首先选择一种_____；然后设置各中断的_____和_____。

二、简答题

1. 利用抢占优先级画出中断嵌套示意图。
2. 利用响应优先级画出单级中断示意图。
3. 外部设备引发的外部中断支持哪 3 种触发方式？

三、实训题

在 STM32F103R6 芯片中，有 4 个 LED：D0～D3，采用共阳极接法，其阴极分别接在 PC0～PC3 引脚上；有 4 个按键：BTN0、BTN1、BTN2、BTN3 分别接在 PB0、PB1、PB2、PB3 引脚上。4 个按键控制着 4 个 LED，其中按键 BTN0 控制 D0，按一次点亮，再按一次熄灭；同理，BTN1 控制 D1，BTN2 控制 D2，BTN3 控制 D3，如图 5-15 所示。要求使用 Proteus 软件进行虚拟仿真。其中，按钮使用 BUTTON，电阻使用 RES，发光二极管使用 LED-YELLOW。

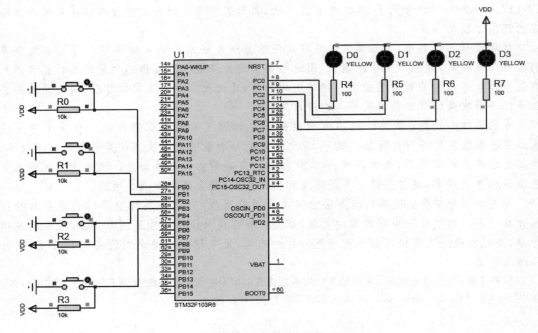

图 5-15 中断方式的按钮控制电路

第 6 章

STM32 定时器应用设计与实现

STM32 定时器主要有 3 种常见用途：计数、中断、PWM(脉冲宽度调制)输出。当定时器计数到溢出时就发出中断请求；通过 PWM 输出可以调节输出信号平均电压，从而调节 LED 亮度、直流电动机转速。

知识目标
(1) 了解定时器的阻塞方式和非阻塞方式。
(2) 熟悉 STM32 定时器中与计数相关的寄存器。
(3) 了解定时器的中断原理。
(4) 熟悉 STM32 定时器中与 PWM 输出相关的寄存器。

技能目标
(1) 掌握通过阻塞方式实现定时器延时的编程方法。
(2) 掌握通过中断方式实现定时器延时的编程方法。
(3) 比较内置外设和 STM32 外部设备作为中断源时在编程上的不同之处。
(4) 掌握 PWM 输出控制呼吸灯的编程方法。

素养目标
(1) 通过介绍 STM32 定时器在中国智能制造领域的应用，强调自主创新、科技救国的重要性，激发学生的爱国情怀和创新意识。
(2) 通过 STM32 定时器的设计和应用，强调精益求精的工作态度和追求卓越的工匠精神，鼓励学生为成为高素质技术技能人才而不断努力。

6.1 STM32 定时器介绍

6.1.1 认识 STM32 定时器

STM32 定时器是一个由可编程预分频器(PSC)驱动的 16 位自动装载的计数器(CNT)。它有 3 种常见用途：计数、外部中断源、PWM 输出。

1. 计数模式

STM32 定时器有 3 种计数模式：向上计数、向下计数、中央对齐计数。计数时，从一个数变为另一个数，实际上是产生一个脉冲信号。

1) 向上计数模式

计数器从 0 向上计数到自动重装载值(计数最大值)，产生一个上溢事件，然后返回 0 开始新一轮计数，这是定时器最常用的计数模式。

2) 向下计数模式

计数器从自动重装载值(计数最大值)向下计数到 0,产生一个下溢事件,然后返回最大值开始新一轮计数。

3) 中央对齐计数模式(向上、向下双向计数模式)

计数器从 0 向上计数到自动重装载值(计数最大值)-1,产生一个上溢事件,然后向下计数到 1,产生一个下溢事件,然后返回 0 开始新一轮计数。

2. STM32 定时器的分类

STM32F103 系列单片机最多支持 8 种定时器:基本定时器(TIM6、TIM7)、普通定时器(TIM2~TIM5)、高级定时器(TIM1、TIM8)。

(1) 基本定时器:除了具备基本的定时功能外,还为 DAC(数模转换器)提供一个触发通道。

(2) 普通定时器:在具备基本定时器的功能之外,还具备输入捕获、输出比较、单脉冲输出、PWM 信号输出、正交编码器等功能。

(3) 高级定时器:在具备普通定时器的功能之外,还具备可输出带死区控制的互补 PWM 信号、紧急制动、定时器同步等功能,最多可以输出 7 路 PWM 信号。

6.1.2 STM32 定时器中与计数相关的寄存器

在 STM32 定时器中,与计数相关的寄存器共有 3 个,每个寄存器占 16 位。

(1) 计数器寄存器(CNT):存放计数的当前值。

(2) 预分频器寄存器(PSC):存放预分频系数,可取 0~65535 的任意整数。

系统时钟(SYSCLK)的频率范围为 8~72MHz,其中实物电路最高为 72MHz,Proteus 仿真电路为 8MHz。定时器脉冲频率=系统时钟频率/预分频系数。

(3) 自动重装载寄存器(ARR):存放计数的最大值。

STM32 定时器有预分频系数(PSC)、自动重装载值(ARR)、计数脉冲周期(T_{CNT})、计数周期 $T_{CNT}(ARR+1)$ 等特性,它们的关系如下。

计数脉冲周期是指定时器计数时,从一个数变为相邻的另一个数所经历的时间。计数脉冲周期的计算公式:

$$T_{CNT} = \frac{PSC+1}{f_{CLK}}$$

计数周期是指定时器从 0(或最大值)计数到最大值(或 0)所经历的时间。计数周期的计算公式:

$$T_{CNT}(ARR+1) = \frac{(PSC+1)(ARR+1)}{f_{CLK}}$$

例:在实物电路中,若定时器计数周期为 1s,选择的预分频系数为 7199,采用向上计数时,求定时器的自动重装载值。

解:在实物电路中,$f_{CLK}=72MHz$。

$$T_{CNT}(ARR+1) = \frac{(PSC+1)(ARR+1)}{f_{CLK}}$$

$$ARR+1 = \frac{T_{CNT}(ARR+1) \cdot f_{CLK}}{PSC+1}$$

$$ARR = \frac{T_{CNT}(ARR+1) \cdot f_{CLK}}{PSC+1} - 1 = \frac{1 \times 72 \times 10^6}{7199+1} - 1 = 9999$$

6.1.3 与计数相关的 STM32 定时器函数

1. 启动定时器（使能定时器计数）

格式：

```
HAL_StatusTypeDef HAL_TIM_Base_Start(TIM_HandleTypeDef * htim);
```

形参：htim 为定时器，如 &htim1、&htim2 等。

应用举例：

```
HAL_TIM_Base_Start(&htim1);
```

2. 关闭定时器（禁止定时器计数）

格式：

```
HAL_StatusTypeDef HAL_TIM_Base_Stop(TIM_HandleTypeDef * htim);
```

形参：htim 为定时器，如 &htim1、&htim2 等。

应用举例：

```
HAL_TIM_Base_Stop(&htim1);
```

3. 宏定义：为定时器设置计数初始值

格式：

```
#define __HAL_TIM_SET_COUNTER(__HANDLE__, __COUNTER__);
```

形参：__HANDLE__ 表示定时器，如 &htim1、&htim2；__COUNTER__ 表示计数初始值，如 0。

应用举例：

```
__HAL_TIM_SET_COUNTER(&htim1,0);
```

4. 宏定义：获取定时器当前计数值

格式：

```
#define __HAL_TIM_GET_COUNTER(__HANDLE__);
```

形参：__HANDLE__ 表示定时器，如 &htim1、&htim2 等。

应用举例：

```
__HAL_TIM_GET_COUNTER(&htim1);
```

6.2 LED 单灯闪烁之定时器延时（阻塞方式）

6.2.1 定时器的阻塞方式和非阻塞方式

1. 进程的 3 种状态

进程有 3 种基本状态：运行、就绪、阻塞，其状态转换图如图 6-1 所示。

（1）运行状态：进程正在使用 CPU 执行程序代码。

（2）就绪状态：进程具备运行条件，但尚未占用 CPU。一旦获得 CPU，就可以立即执行。

（3）阻塞状态：进程因等待某一事件（如 I/O 操作、资源分配等）而暂停执行的状态。

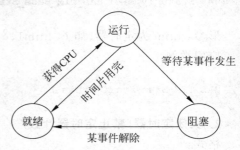

图 6-1 进程三态及其转换

2. 定时器的阻塞方式和非阻塞方式

（1）阻塞方式：当一个进程调用定时器时，若定时器的当前值未达到设定值时，该进程被挂起，不会执行其他任务，直到定时器计数完成为止。这种方式的优点是简单易懂，适用于简单的定时器操作。

（2）非阻塞方式：当一个进程调用定时器时，无论定时器计数是否完成，该操作会立即返回。若定时器计数不能立即完成，进程可以继续执行其他任务。这种方式的优点是允许进程在等待定时器计数完成期间执行其他任务，从而提高了系统的效率和并发性。

6.2.2 基于 Proteus 虚拟仿真的 LED 单灯闪烁控制

任务目标

使用 STM32F103R6 芯片，通过 PC0 引脚控制 LED0 以 1s 为周期闪烁（即亮、灭各 500ms），如图 6-2 所示。要求延时通过定时器 TIM3 的阻塞方式实现，使用 Proteus 软件进行虚拟仿真，其中 D1 使用 LED-GREEN，R1 使用 RES。

任务实现

1. 使用 STM32CubeMX 新建 STM32 工程

（1）双击 STM32Cube MX 图标，在主界面中选择 File→New Project 菜单命令，在 Commercial Part Number 右边的下拉框中输入 STM32F103R6。

（2）单击 Pinout & Configuration 选项卡，将 PC0 引脚设置为 GPIO_Output 模式。

若使用内置外设，必须对内置外设初始化。

（3）在 Categories（分类）页面中依次选择 Timers → TIM3，在 TIM3 Mode and Configuration 中设置下列参数，如图 6-3 所示。这里，Clock Source（时钟源）选择 Internal Clock（时钟频率默认为 8MHz），PSC（预分频系数）取 7999，ARR（自动重装载值）取 999，Counter Mode 取 Up。

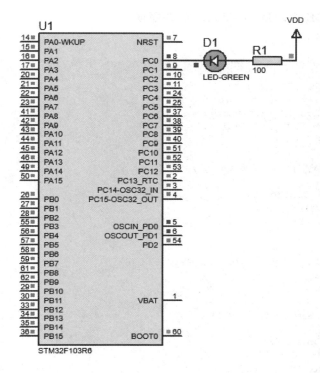

图 6-2　单灯闪烁仿真电路

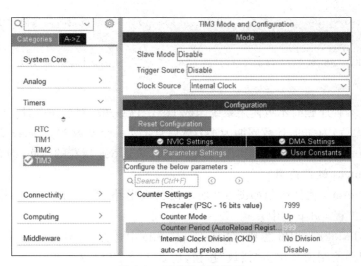

图 6-3　定时器参数设置

根据定时器参数值，求出计数周期如下：

$$T_{\text{CNT}}(\text{ARR}+1) = \frac{(\text{PSC}+1)(\text{ARR}+1)}{f_{\text{CLK}}} = \frac{8000 \times 1000}{8 \times 10^6} = 1(\text{s})$$

在仿真电路中，SYSCLK 频率为 8MHz。

（4）单击 Project Manager 选项卡，在 Project Name 中输入 Code；Project Location 设置为"E:\Users\chen\Desktop\STM32\6.2\"；在 Toolchain/IDE 中选择 MDK-ARM。

2. 在 Keil MDK 中配置 STM32 工程，并编程

main.c 程序如下。

```c
#include "main.h"
TIM_HandleTypeDef htim3;
void SystemClock_Config(void);
static void MX_GPIO_Init(void);
static void MX_TIM3_Init(void);
int main(void)
{
  void My_Delay_ms(uint16_t nms);
  HAL_Init();
  SystemClock_Config();
  MX_GPIO_Init();
  MX_TIM3_Init();
  while (1)
  {
      HAL_GPIO_TogglePin(GPIOC,GPIO_PIN_0);
      My_Delay_ms(500);                              //计数最大值(即 ARR)的一半为 500
  }
}
void My_Delay_ms(uint16_t nms)
{
  uint16_t counter=0;
  __HAL_TIM_SET_COUNTER(&htim3,0);                   //将定时器计数初始值设定为 0
  HAL_TIM_Base_Start(&htim3);                        //使能定时器计数
  do
  {
      counter=__HAL_TIM_GET_COUNTER(&htim3);         //获取定时器当前计数值
  }
  while(counter<nms);
      HAL_TIM_Base_Stop(&htim3);                     //禁止定时器计数
}
```

程序解释：本程序延时不再使用系统函数 HAL_Delay()，而是先设置定时器的自动重装载值(即计数最大值)为 999，计数周期为 1s；然后自定义一个函数 My_Delay_ms(n)，n 取 500，即计数最大值的一半，函数功能是定时器从 0 向上计数到 500 所花的时间，即 500ms。

3. 使用 Proteus 软件仿真

（1）使用 Proteus 软件绘制如图 6-2 所示的仿真电路，存入"E:\Users\chen\Desktop\STM32\6.2\新工程.pdsprj"中。

（2）双击 STM32F103R6 芯片，在 Program File 中选择 STM32 工程生成的 hex 文件。

（3）在原理图绘制窗口单击"播放"按钮，仿真运行 STM32 工程。

6.3 LED 循环点亮之定时器延时（中断方式）

6.3.1 与中断相关的 STM32 定时器函数

1. 中断服务函数

格式：

```
void TIMx_IRQHandler(void);
```

形参：空。

功能：当 TIMx 的当前值由 0 变为最大值时，就产生一次更新中断，自动调用中断服务函数。该函数存在于 stm32f1xx_it.c 文件中。

注意：调用中断服务函数必须满足两个条件：一是启动了定时器；二是允许定时器更新中断。

2. 中断回调函数

格式：

```
void HAL_TIM_PeriodElapsedCallback(TIM_HandleTypeDef * htim);
```

形参：htim 表示定时器，如 &htim1、&htim2、&htim3 等。

功能：由中断服务函数自动调用。该函数存在于 stm32f1xx_hal_gpio.c 文件中。

应用举例：

```
HAL_TIM_PeriodElapsedCallback (&htim1);
```

3. 允许定时器更新中断

格式：

```
HAL_StatusTypeDef HAL_TIM_Base_Start_IT(TIM_HandleTypeDef * htim);
```

形参：htim 表示定时器，如 &htim1、&htim2、&htim3 等。

功能：当 TIMx 的当前值由 0 变为最大值时，就产生一次更新中断。

应用举例：

```
HAL_TIM_Base_Start_IT(&htim1);
```

4. 禁止定时器更新中断

格式：

```
HAL_StatusTypeDef HAL_TIM_Base_Stop_IT(TIM_HandleTypeDef *htim);
```

形参：htim 表示定时器，如 &htim1、&htim2、&htim3 等。

应用举例：

```
HAL_TIM_Base_Stop_IT(&htim1);
```

5. 宏定义：清除中断标志位

格式：

```
#define __HAL_TIM_CLEAR_IT(__HANDLE__, __INTERRUPT__);
```

形参：__HANDLE__表示定时器，如 htim1、htim2、htim3 等；__INTERRUPT__表示中断方式，如 TIM_IT_UPDATE。

功能：清除 TIMx 的中断标志位。一般用于中断回调函数的结尾。

应用举例：

```
__HAL_TIM_CLEAR_IT(htim1, TIM_IT_UPDATE);
```

6.3.2 基于 Proteus 虚拟仿真的流水灯控制

任务目标

使用 STM32F103R6 芯片实现流水灯效果，即按 LED0～LED7 的顺序依次点亮，每次仅限 1 个 LED 发光，周期为 4s（每个 LED 的点亮时间为 0.5s），如图 6-4 所示。要求延时通过定时器 TIM3 的中断方式实现，使用 Proteus 软件进行虚拟仿真，排阻 RN1 使用 RX8，LED0～LED7 使用 LED-GREEN。

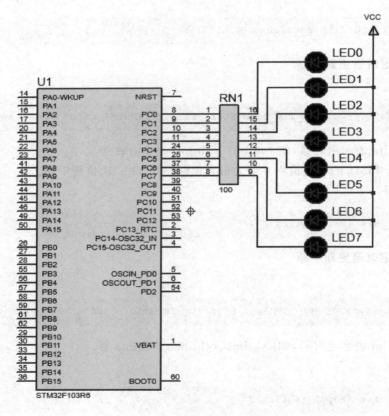

图 6-4 流水灯仿真电路

任务说明

内置外设 TIM3 是中断源，当 TIM3 的计数值由 0 向上计数到最大值时，就产生一次更新中断。TIM3 的计数周期应设置为 500ms。

1. 使用 STM32CubeMX 新建 STM32 工程

（1）双击 STM32Cube MX 图标，在主界面中选择 File→New Project 菜单命令，在 Commercial Part Number 右边的下拉框中输入 STM32F103R6。

（2）单击 Pinout & Configuration 选项卡，将 PC0～PC7 引脚设置为 GPIO_Output 模式。若使用内置外设，必须对内置外设初始化；若设置中断，必须指定中断优先级。

（3）在 Categories（分类）页面中依次选择 Timers→TIM3，在 TIM3 Mode and Configuration 中设置下列参数，如图 6-5 所示。这里，Clock Source（时钟源）选择 Internal Clock（时钟频率默认为 8MHz），PSC（预分频系数）取 3999，ARR（自动重装载值）取 999，Counter Mode 取 Up。

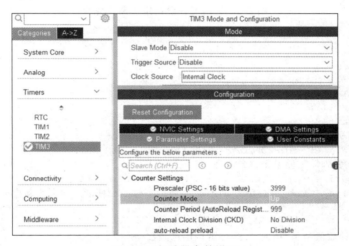

图 6-5 定时器参数设置

根据定时器参数值，求出计数周期如下：

$$T_{\mathrm{CNT}}(\mathrm{ARR}+1)=\frac{(\mathrm{PSC}+1)(\mathrm{ARR}+1)}{f_{\mathrm{CLK}}}=\frac{4000\times1000}{8\times10^{6}}=0.5(\mathrm{s})$$

（4）选择 System Core→NVIC，确定一个中断优先级组，然后设置 TIM3 优先级和使能。这里中断优先级组选择 4 组，TIM3 的抢占优先级和响应优先级均设为 0，如图 6-6 所示。

（5）单击 Project Manager 选项卡，在 Project Name 中输入 Code；Project Location 设置为"E:\Users\chen\Desktop\STM32\6.3\"；在 Toolchain/IDE 中选择 MDK-ARM。

2. 在 Keil MDK 中配置 STM32 工程，并编程

main.c 程序如下。

```
#include "main.h"
TIM_HandleTypeDef htim3;
void SystemClock_Config(void);
static void MX_GPIO_Init(void);
static void MX_TIM3_Init(void);
```

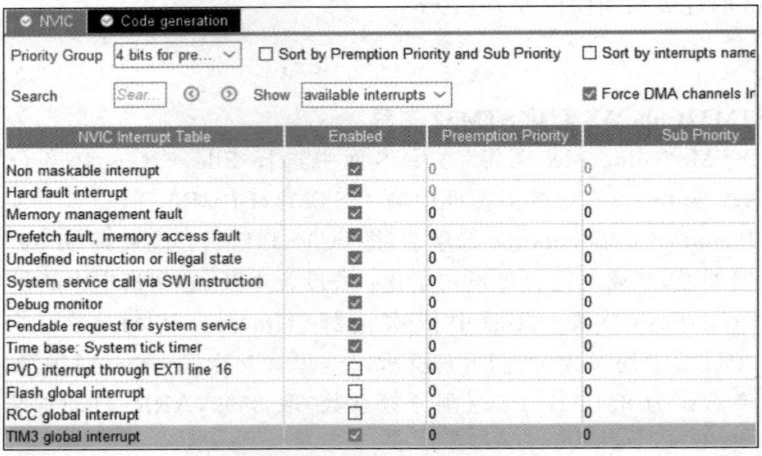

图 6-6 为内置外设指定中断优先级

```
int main(void)
{
  HAL_Init();
  SystemClock_Config();
  MX_GPIO_Init();
  MX_TIM3_Init();
  //控制所有引脚输出高电平,所有 LED 灭
  HAL_GPIO_WritePin(GPIOC,GPIO_PIN_All ,GPIO_PIN_SET);
  //控制 PC0 引脚输出低电平,LED0 亮
  HAL_GPIO_WritePin(GPIOC,GPIO_PIN_0 ,GPIO_PIN_RESET);
  HAL_TIM_Base_Start_IT(&htim3);            //使能定时器更新中断
  while (1);
}
//只要 TIM3 计数值溢出(历时 0.5s),就调用该函数
void HAL_TIM_PeriodElapsedCallback (TIM_HandleTypeDef *htim)
{
  static uint8_t counter=0;
  if(htim==&htim3)
  {   //每次控制一个引脚输出高电平,相应 LED 灭
      HAL_GPIO_WritePin(GPIOC,0x01<<counter,GPIO_PIN_SET);
      counter++;
    if(counter>=8)counter=0;             //8 个 LED
   //每次控制一个引脚输出低电平。0x01<<counter 表示引脚号
   HAL_GPIO_WritePin(GPIOC,0x01<<counter,GPIO_PIN_RESET);
  }
   __HAL_TIM_CLEAR_IT(htim, TIM_IT_UPDATE);    //清除 TIM3 的中断标志位
}
```

3. 使用 Proteus 软件仿真

(1) 使用 Proteus 软件绘制如图 6-4 所示的仿真电路,存入"E:\Users\chen\Desktop\STM32\6.3\新工程.pdsprj"中。

(2) 双击 STM32F103R6 芯片,在 Program File 中选择 STM32 工程生成的 hex 文件。

(3) 在原理图绘制窗口单击"播放"按钮,仿真运行 STM32 工程。

6.3.3 基于STM32F103嵌入式实验箱的流水灯控制

在百科荣创 STM32F103 核心板中，STM32F103VCT6 芯片有 8 个 LED，采用共阴极接法，其阳极分别接在 PE0～PE7 引脚上，如图 3-12 所示。请通过引脚控制 LED1～LED8 依次点亮，每时刻只有一个 LED 点亮，且点亮时间为 0.5s。要求延时通过定时器 TIM3 的中断方式实现，使用实验箱进行实际操作。

 任务说明

内置外设 TIM3 是中断源，当 TIM3 的计数值由 0 向上计数到最大值时，就产生一次更新中断。TIM3 的计数周期应设置为 500ms。

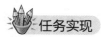

1. 使用 STM32CubeMX 新建 STM32 工程

（1）双击 STM32Cube MX 图标，在主界面中选择 File→New Project 菜单命令，在 Commercial Part Number 右边的下拉框中输入 STM32F103VCT6。

（2）单击 Pinout & Configuration 选项卡，为 PE0～PE7 引脚分别设置 GPIO_Output 工作模式。

若使用内置外设，必须对内置外设初始化；若设置中断，必须指定中断优先级。

（3）在 Categories（分类）页面中依次选择 Timers→TIM3，在 TIM3 Mode and Configuration 中设置参数。这里，Clock Source（时钟源）选择 Internal Clock（时钟频率默认为 8MHz），PSC（预分频系数）取 3999，ARR（自动重装载值）取 999，Counter Mode 取 Up。

根据定时器参数值，求出计数周期如下：

$$T_{\text{CNT}}(\text{ARR}+1) = \frac{(\text{PSC}+1)(\text{ARR}+1)}{f_{\text{CLK}}} = \frac{4000 \times 1000}{8 \times 10^6} = 0.5(\text{s})$$

（4）选择 System Core→NVIC，确定一个中断优先级组，然后设置 TIM3 优先级和使能。这里中断优先级组选择 4 组，TIM3 的抢占优先级和响应优先级均设为 0。

（5）单击 Project Manager 选项卡，在 Project Name 中输入 Entity；在 Project Location 中设置"E:\Users\chen\Desktop\STM32\6.3\"；在 Toolchain/IDE 中选择 MDK-ARM。

2. 在 Keil MDK 中配置 STM32 工程，并编程

main.c 程序如下。

```
#include "main.h"
TIM_HandleTypeDef htim3;
void SystemClock_Config(void);
static void MX_GPIO_Init(void);
static void MX_TIM3_Init(void);
int main(void)
{
  HAL_Init();
  SystemClock_Config();
```

```
    MX_GPIO_Init();
    MX_TIM3_Init();
//控制 PE0 引脚输出高电平,D1 亮
    HAL_GPIO_WritePin(GPIOE,GPIO_PIN_0 ,GPIO_PIN_SET);
    HAL_TIM_Base_Start_IT(&htim3);              //使能定时器更新中断
    while (1){  }
}
//只要 TIM3 计数值溢出(历时 0.5s),就调用该函数
void HAL_TIM_PeriodElapsedCallback (TIM_HandleTypeDef *htim)
{
    static uint8_t counter=0;
    if(htim==&htim3)
    {
       //每次控制一个引脚输出低电平,相应 LED 灭
        HAL_GPIO_WritePin(GPIOE,0x01<<counter,GPIO_PIN_RESET);
        counter++;
    if(counter>=8) counter=0;                    //8 个 LED
    //每次控制一个引脚输出高电平。0x01<<counter 表示引脚号
    HAL_GPIO_WritePin(GPIOE,0x01<<counter,GPIO_PIN_SET);
    }
    __HAL_TIM_CLEAR_IT(htim, TIM_IT_UPDATE);     //清除 TIM3 中断标志位
}
```

3. 基于 STM32F103 嵌入式实验箱运行

仿照第 3.1 节中的步骤对该 STM32 工程进行实物运行。

6.4　PWM 控制呼吸灯

6.4.1　STM32 定时器的 PWM 输出

1. 什么叫 PWM

PWM 即利用 MCU(如 STM32 芯片)的数字信号作为载波,对模拟信号进行数字编码,形成脉冲信号。在一个 PWM 脉冲周期内,有效电平时间与 PWM 波形周期之比,称为 PWM 的占空比。默认高电平为有效电平,如图 6-7 所示。

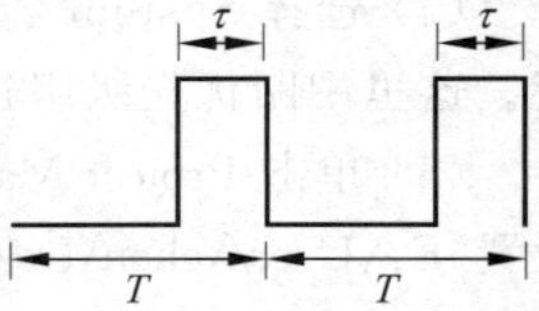

设 PWM 脉冲周期为 T,有效电平宽度为 τ,PWM 占空比 D 的计算公式为

$$D = \frac{\tau}{T} \times 100\%$$

图 6-7　PWM 信号波形图

在 PWM 脉冲周期内,假设有效电平电压值为 U,占空比为 D,则输出的平均电压 $\overline{U}=DU$。

占空比越高,流向负载的能量越多;占空比越低,流向负载的能量越少。PWM 技术就是通过调节输出脉冲的占空比达到调节输出信号平均电压的目的,一般可用于直流电动机调速、开关电源、LED 亮度调节等领域。

2. 定时器的 PWM 通道

STM32 定时器共提供 30 个 PWM 通道,每个通道均能输出 PWM 信号。

(1) 普通定时器(TIM2、TIM3、TIM4、TIM5)各有 4 个通道(CH1、CH2、CH3、CH4)，共产生 16 路的 PWM 信号。

(2) 高级定时器(TIM1、TIM8)各有 7 个通道(CH1、CH2、CH3、CH4、CH1N、CH2N、CH3N)，一共产生 14 路的 PWM 信号。其中，CH1N 是 CH1 的互补输出，CH2N 是 CH2 的互补输出，互补的两个通道的输出电平始终相反。

(3) 基本定时器(TIM6、TIM7)不能产生 PWM 信号。

3. 定时器通道的类型描述

在 HAL 库中，通道的类型是结构体类型，主要成员如表 6-1 所示。

表 6-1 定时器通道的成员

成员名称	中文意思	取值
OCMode	输出模式	TIM_OCMODE_PWM1 TIM_OCMODE_PWM2
Pulse	脉冲	0,1
OCPolarity	输出比较极性	TIM_OCPOLARITY_LOW TIM_OCPOLARITY_HIGH
OCNPolarity	输出比较互补极性	
OCFastMode	快速捕获	TIM_OCFAST_DISABLE TIM_OCFAST_ENABLE

4. 定时器的 PWM 模式

1) PWM 波形周期

当 TIMx 定时器从 0 向上计数到最大值，或从最大值向下计数到 0，就完成一个计数周期。在此周期内，TIMx 的某个通道就产生一个 PWM 信号。故 TIMx 定时器的计数周期与 PWM 波形周期相同。

2) 与 PWM 输出相关的寄存器

在 STM32 定时器中，与 PWM 输出相关的寄存器共有 3 个，每个寄存器占 16 位。

(1) 自动重装载寄存器(ARR)：存放计数的最大值。

(2) 计数器寄存器(CNT)：存放计数的当前值，在 PWM 周期内是变化的。

(3) 捕获/比较寄存器(CCRx)：存放与 CNT 相比较的比较值，在 PWM 周期内是变化的。每个 TIMx 定时器共有 4 个：CCR1、CCR2、CCR3、CCR4，分别控制 CH1~CH4 通道的输出值。

3) PWM 输出模式

PWM 输出主要有以下两种模式。

(1) PWM1 模式：不管向上计数还是向下计数，一旦 CNT<CCRx，则通道 x 输出为有效电平；否则，为无效电平。

(2) PWM2 模式：不管向上计数还是向下计数，一旦 CNT>CCRx，则通道 x 输出为有效电平；否则，为无效电平。

注意：PWM 模式只是区别什么时候是有效电平，但并没有确定是高电平有效还是低电平有效，需要结合通道的 OCPolarity 属性值来确定。若 OCPolarity 取 TIM_OCPOLARITY_LOW，表示有效电平为低电平，无效电平为高电平；若 OCPolarity 取 TIM_OCPOLARITY_

HIGH，表示有效电平为高电平，无效电平为低电平。

4）定时器计数和 PWM 输出的关系

若通道的输出模式为 PWM1 模式，极性为 TIM_OCPOLARITY_LOW，则当 CNT<CCRx 时，CHx 通道输出低电平；当 CNT≥CCRx 时，CHx 通道输出高电平。此时定时器计数和 PWM 输出的关系如图 6-8 所示。

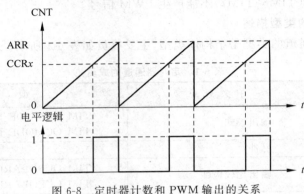

图 6-8 定时器计数和 PWM 输出的关系

由于相似三角形对应边成比例，可用 ARR、CCR 计算 PWM 有效电平的占空比，如表 6-2 所示。

表 6-2 用 ARR、CCR 表示 PWM 的占空比公式

通道输出模式	通 道 极 性	占空比公式
PWM1 模式	LOW	$D=\dfrac{CCRx}{ARR}$
PWM1 模式	HIGH	$D=1-\dfrac{CCRx}{ARR}$
PWM2 模式	LOW	$D=1-\dfrac{CCRx}{ARR}$
PWM2 模式	HIGH	$D=\dfrac{CCRx}{ARR}$

5. 与 PWM 输出相关的 STM32 定时器函数

1）输出 PWM 信号函数

格式：

```
HAL_StatusTypeDef HAL_TIM_PWM_Start(TIM_HandleTypeDef * htim, uint32_t Channel);
```

形参：htim 表示定时器，如 &htim1、&htim2 等；Channel 表示通道，如 TIM_CHANNEL_1。
功能：从定时器的某个通道输出 PWM 信号。
应用举例：

```
HAL_TIM_PWM_Start(&htim3,TIM_CHANNEL_2);
```

2）宏定义：为定时器的捕获/比较寄存器（CCRx）设置值

格式：

```
# define __HAL_TIM_SET_COMPARE(__HANDLE__, __CHANNEL__, __COMPARE__);
```

形参：__HANDLE__ 表示定时器，如 &htim1、&htim2 等；__CHANNEL__ 表示通道，如 TIM_CHANNEL_1；__COMPARE__ 表示 CCRx 值。

功能：为定时器的 CCRx 寄存器设置值。

应用举例：

```
__HAL_TIM_SET_COMPARE(&htim3,TIM_CHANNEL_2,i);
```

6.4.2　PWM 信号控制呼吸灯

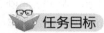

如图 6-9 所示，D1 为长亮 LED，D2 为呼吸灯，利用 TIM3 的 CH2 通道输出 PWM 信号，实现 D2 亮→灭→亮→灭……的渐变效果，一次变化周期为 1s。要求使用 Proteus 软件进行虚拟仿真，D1、D2 使用 LED-GREEN，R1、R2 使用 RES，示波器使用 OSCILLOSCOPE。

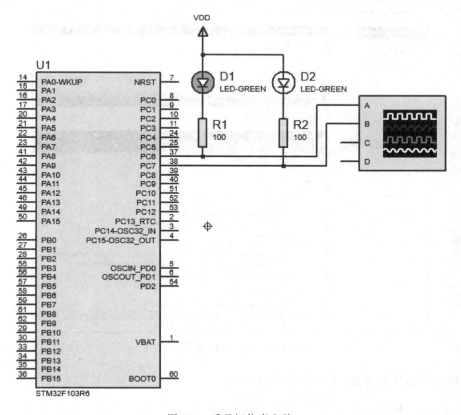

图 6-9　呼吸灯仿真电路

任务说明

利用 TIM3 的 PWM 功能,当 TIM3 的计数值由 0 向上计数到最大值时,就完成一个计数周期。在此周期内,TIM3 的 CH2 通道就产生一个 PWM 信号。故 TIM3 定时器的计数周期与 PWM 波形周期相同。

任务实现

1. 使用 STM32CubeMX 新建 STM32 工程

(1) 双击 STM32Cube MX 图标,在主界面中选择 File→New Project 菜单命令,在 Commercial Part Number 右边的下拉框中输入 STM32F103R6。

(2) 单击 Pinout & Configuration 选项卡,将 PC6 引脚设置为 GPIO_Output 模式,PC7 引脚设置成 TIM3_CH2 模式。

若使用内置外设,必须对内置外设初始化。

(3) 在 Categories(分类)页面中依次选择 Timers → TIM3,在 TIM3 Mode and Configuration 中设置下列参数,如图 6-10 所示。在 Mode 板块中,Clock Source(时钟源)选择 Internal Clock(时钟频率默认为 8MHz),Channel2 选择 PWM Generation CH2;在 Counter Settings 选项中,PSC(预分频系数)取 79,ARR(自动重装载值)取 99;在 PWM Generation Channel 2 选项中,Mode 取 PWM mode 1,CH Polarity(极性)取 Low。

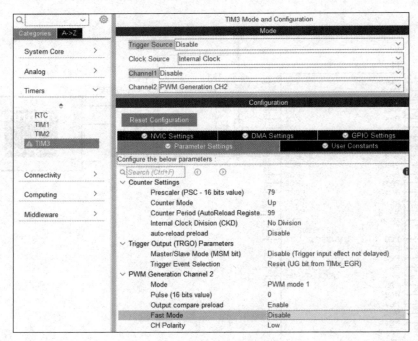

图 6-10 为 TIM3 设置参数

根据定时器计数参数,求出计数周期如下:

$$T_{\text{CNT}}(\text{ARR}+1) = \frac{(\text{PSC}+1)(\text{ARR}+1)}{f_{\text{CLK}}} = \frac{(79+1)\times(99+1)}{8\times10^6} = 1(\text{ms})$$

(4) 单击 Project Manager 选项卡。在 Project Name 中输入 Code；Project Location 设置为"E:\Users\chen\Desktop\STM32\6.4\"；在 Toolchain/IDE 中选择 MDK-ARM。

2. 在 Keil MDK 中配置 STM32 工程，并编程

main.c 程序如下。

```
#include "main.h"
TIM_HandleTypeDef htim3;
void SystemClock_Config(void);
static void MX_GPIO_Init(void);
static void MX_TIM3_Init(void);
int main(void)
{
  HAL_Init();
  SystemClock_Config();
  MX_GPIO_Init();
  MX_TIM3_Init();
  HAL_TIM_PWM_Start(&htim3,TIM_CHANNEL_2);
  while (1)
  {
     int i;
     for(i=0;i<=100;i+=4)         //呼吸灯从亮→灭
     {
           __HAL_TIM_SET_COMPARE(&htim3,TIM_CHANNEL_2,i);   HAL_Delay(20);
     }
     for(i=100;i>=0;i-=4)         //呼吸灯从灭→亮
      {
           __HAL_TIM_SET_COMPARE(&htim3,TIM_CHANNEL_2,i);
           HAL_Delay(20);
      }
  }
}
```

3. 使用 Proteus 软件仿真

(1) 使用 Proteus 软件绘制如图 6-10 所示的仿真电路，存入"E:\Users\chen\Desktop\STM32\6.4\新工程.pdsprj"中。

(2) 双击 STM32F103R6 芯片，在 Program File 中选择 STM32 工程生成的 hex 文件。

(3) 在原理图绘制窗口单击"播放"按钮，仿真运行 STM32 工程。

若未显示示波器，选中"调试/Digital Oscillosope"，则显示示波器界面，如图 6-11 所示。

提示：

① 在示波器面板中，共有 4 个频道（Channel A～Channel D），对应 4 种颜色的波形曲线。

当某频道没有信号输入时，相应波形曲线为直线。

② 在示波器波形曲线中，横轴表示时间，每一小格的长度由 Horizontal 下方的旋转按钮旋转值确定，如图 6-11 中"0.2m"表示每一小格为 0.2ms，PWM 波形曲线的周期为 1ms。

纵轴表示电压值，每一小格的长度由相应频道（channel）下方的旋转按钮旋转值确定，如 Channel B 中"2"表示每一小格为 2V，PWM 波形曲线的电压幅值为 3.3V。

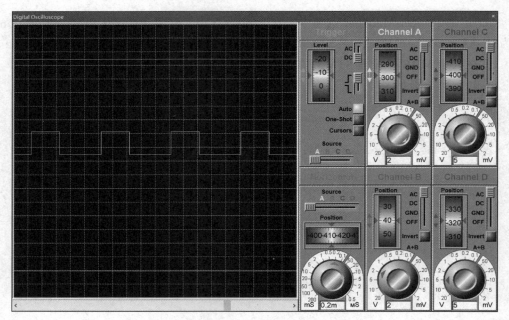

图 6-11 在示波器显示 PWM 脉冲信号

(1) 若将本程序的 while 语句改为:

```
while (1)
{
   int i;
   for(i=0;i<=100;i+=4)
   {
   __HAL_TIM_SET_COMPARE(&htim3,TIM_CHANNEL_2,0);
      HAL_Delay(20);
   }
}
```

因为通道的输出模式为 PWM1 模式,极性为 TIM_OCPOLARITY_LOW,CCR2＝0, 占空比 D＝CCR2/ARR＝0,在 PWM 整个脉冲周期内,CH2 输出低电平。呼吸灯被加正向电压,长亮。

(2) 若将本程序的 while 语句改为:

```
while (1)
{
   int i;
   for(i=0;i<=100;i+=4)
   {
   __HAL_TIM_SET_COMPARE(&htim3,TIM_CHANNEL_2,100);
      HAL_Delay(20);
   }
}
```

因为通道的输出模式为 PWM1 模式,极性为 TIM_OCPOLARITY_LOW,CCR2=100,占空比 D=CCR2/ARR=100%,在 PWM 整个脉冲周期内,CH2 输出高电平。呼吸灯被加反向电压,长灭。

(3) 将通道极性修改为 TIM_OCPOLARITY_HIGH,即有效电平为高电平,比较输出波形的不同之处。

混合 PWM 调制方法为电动汽车带来突破性进展

在电动汽车技术日益成熟的浪潮中,创新成为推动行业发展的头号引擎。2024 年 11 月 15 日,中车永济电动机有限公司向国家知识产权局申请了一项前沿专利,名为"一种永磁同步电动机的混合 PWM 调制方法"。这一新技术的诞生预计将对电动汽车行业产生深远的影响,特别是对于电动动力系统的稳定性与效率提升,备受业内关注。

这项新颖的混合 PWM 调制方法,旨在解决当前随机脉冲位置 PWM 调制和随机开关频率 PWM 调制所面临的两大核心问题——对随机序列的质量要求过高以及噪声控制效果不佳。通过优化 PWM 调制技术,该方法不仅降低了对随机序列的严格要求,更显著提高了反变频器在工作状态下对谐波能量的处理能力,为电动汽车的安静运行和续航能力提供了新的技术保障。

随着电动汽车市场的快速扩张,消费者对汽车静音性和续航里程的需求也在不断提升。中车永济电动机的这一专利正是针对这一需求进行的技术创新,意味着电动汽车在实用性和用户体验上的一次重大提升。综合来看,这种新型的 PWM 调制方法能够有效降低电池消耗,同时提升电动机的高效输出,预计在未来的电动汽车产品中将会得到广泛应用。

(资料来源:中车永济电机新专利:混合 PWM 调制方法为电动汽车带来突破性进展[EB/OL]. (2024-11-15)[2024-12-08]. https://www.sohu.com/a/827029506_122066676.)

练 习 题

一、填空题

1. STM32 定时器有 3 种常见用途:_____、_____、_____。
2. STM32 定时器有 3 种计数模式:_____、_____、_____。
3. 在 STM32 定时器中,CNT 寄存器用于_____,PSC 寄存器用于_____,ARR 寄存器用于_____,CCRx 寄存器用于_____。
4. 使用 STM32CubeMX 创建 STM32 工程时,若使用内置外设,必须对_____初始化;若使用中断线,必须为中断线映射的_____设置参数;若设置外部中断,必须指定_____。
5. 在中断处理时,需要使用中断服务函数和中断回调函数。两者的调用关系是:_____自动调用_____。
6. 在一个 PWM 脉冲周期内,_____与 PWM 波形周期之比,称为 PWM 的占空比。

二、简答题

1. 什么叫定时器的阻塞方式？

2. 在 Proteus 仿真电路中，若定时器计数周期为 1s，选择的预分频系数为 3999，采用向上计数时，求定时器的自动重装载值。

3. 在实物电路中，若定时器的预分频系数为 3599，自动重装载值为 9999，采用向上计数，试求定时器的计数周期。

4. 简述 STM32 定时器的计数脉冲周期、计数周期、PWM 脉冲周期的区别与联系。

三、实训题

若 STM32F103R6 芯片的 PC1 引脚接在 LED1 的阴极上，利用 TIM3 定时器实现 1min 的定时。在定时时间未到时，LED1 闪烁，闪烁时间间隔是 1s（即 1min 亮 30 次、灭 30 次）；定时时间到，LED1 停止闪烁，如图 6-12 所示。要求延时通过定时器 TIM3 的中断方式实现，使用 Proteus 软件进行虚拟仿真。

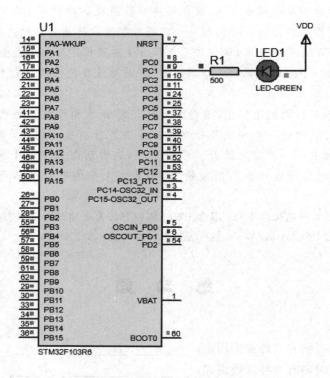

图 6-12 基于中断方式的定时器延时

第 7 章 串行通信设计与实现

串行通信是指仅用一根导线就能将数据以位进行传输的一种通信方式。本章研究了 USART 串口、IIC 总线两种串口，介绍了串行通信的 4 种应用：一是 USART 串口与 STM32 芯片的串行通信；二是基于 USART 串口的 STM32 芯片与 PC 的串行通信；三是基于 USART 串口的 STM32 芯片与虚拟终端的串行通信；四是基于 IIC 总线的 STM32 芯片与 OLED 液晶屏的串行通信。

知识目标

（1）理解 STM32 单片机通过串行通信的原理与方法，并掌握 USART 串口相关的寄存器和 HAL 库的相关函数。

（2）了解 STM32 单片机自带 RTC 外设的结构框架和基本功能，并掌握基于 HAL 库的 RTC 相关函数。

（3）了解 IIC 协议的基本内容，并掌握 OLED12864 液晶显示屏的驱动方法。

技能目标

（1）掌握 STM32 单片机通过串口收发数据的方法，并完成串口通信的程序设计。

（2）了解 STM32 单片机自带 RTC 的基本功能，掌握输出及修改 RTC 日期和时间信息的方法。

（3）掌握 OLED12864 驱动方法，能编写简单的 OLED12864 驱动程序。

素养目标

（1）通过"USART 串口通信设计"的教学，培养学生沟通交流的意识。

（2）通过"基于终端显示的 RTC 时钟设计"的教学，培养学生规划时间的观念。

（3）通过"基于 IIC 总线的 OLED 液晶屏显示"的教学，培养学生严谨细心的品质。

7.1 STM32 的串行通信

7.1.1 串行通信的基本知识

1. 并行通信和串行通信

STM32 单片机与外设之间若需要进行数据交换，则必须使用通信技术，通信的方式有如下两种。

1）并行通信

并行通信同时发送和接收数据，有多少位数据就需要多少根数据线。并行通信的优势在于数据传送速率快；缺点是需要耗费较多的数据线，距离越远，通信成本较高。并行通信如图 7-1(a)所示。

2）串行通信

串行通信逐位发送或接收数据，无论数据有多少位，只需要一对数据线。串行通信的优势在于耗费较少的数据线，在远距离通信应用中，通信成本较低；缺点是传输速率较慢。串行通信如图 7-1(b)所示。

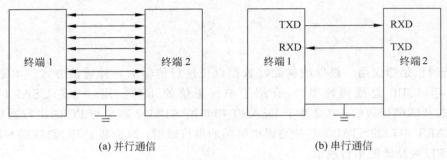

(a) 并行通信　　　　　　　　　　　　(b) 串行通信

图 7-1　并行通信与串行通信

2．通信波特率

数据通信必须按一定的速率进行传送，我们通常用波特率衡量数据通信的速率。波特率是指每秒传送数据的位数，单位为 b/s，用户根据需要进行设定。一般来说，波特率越高，通信速率越快，通信越不稳定；波特率越低，通信速率越慢，通信越稳定。

3．串行通信的分类

按照串行数据的时钟控制方式，串行通信可以分为异步通信和同步通信。

1）异步通信

在异步通信中，以字节为单位组成字节帧，每次传输一个字节帧。每个字节帧由起始位、数据位、奇偶校验位和停止位 4 部分组成，如图 7-2 所示。

发送端→									
1	0/1	D7	D6	D5	D4	D3	D2	D1	D0	0
停止位	奇偶校验位	8位数据								起始位

图 7-2　字节帧

（1）起始位：位于字节帧开头，仅占 1 位，为逻辑"0"。在空闲状态时，传送线为常态逻辑"1"。若接收端接收到逻辑"0"，即认为发送端开始发送数据。

（2）数据位：位于起始位之后，根据情况可取 5 位、6 位、7 位或 8 位，发送顺序为低位在前、高位在后。

（3）奇偶校验位：位于所有数据位之后，仅占一位。采用奇校验或者偶校验由通信双方约定。所谓奇校验即当传送数据中 1 的个数为奇数时，奇偶校验位则取 1，否则取 0；偶校验即当传送数据中 1 的个数为偶数时，奇偶校验位取 1，否则取 0。

（4）停止位：位于字节帧末尾，为逻辑"1"，通常可取 1 位，用于向接收端表示一帧数据已发送完毕。

在异步通信中,发送端与接收端采用不同的时钟信号,当发送方发出一个数据包后,不等接收方响应,接着发送下一个数据包。异步通信的速率较慢,适用于低速、小量数据传输的场合。

2) 同步通信

在同步通信中,以数据块(包含若干个字符)为单位组成信息帧,每次传输一个信息帧。每个信息帧由同步字符、数据字符和校验字符 3 部分组成,如图 7-3 所示。

图 7-3 信息帧

在同步通信中,发送端与接收端采用统一的时钟信号。这种通信方式要求接收端的时钟频率与发送端的时钟频率保持一致,发送方发出一个数据包后,必须等待接收方响应,才能发送下一个数据包。同步通信的速率较快,适用于需要高速、大量数据传输的场合。

4. 串行通信的方式

按照数据传输方向,串行通信可以分为单工、半双工和全双工 3 种方式,如图 7-4 所示。

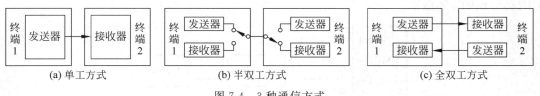

图 7-4 3 种通信方式

(1) 单工方式:数据只能单向传送,如听广播。
(2) 半双工方式:数据可以双向传送但不能同时双向传送,如正常通电话。
(3) 全双工方式:数据可以同时双向传送,如在电话中吵架。

7.1.2 STM32 与 PC 的串口通信

1. STM32 单片机串口

STM32F103 系列最多具有 5 个串口,包括 3 个 USART 和 2 个 UART(universal asynchronous receiver/transmitter,通用异步收发器)。USART 作为 STM32 单片机的内置外设,可以独立成为芯片,也可以作为模块嵌入 STM32 核心板上。在百科荣创的产品中,USART 被嵌入 STM32 核心板上。

USART 串口被广泛应用于 STM32 单片机与 PC 之间的通信,使用 TTL 电平,高电平 +3.3V 代表逻辑"1",低电平 0V 代表逻辑"0"。STM32 的 USART 有 4 个引脚(VCC、GND、RX、TX),通过 TX(发送数据)、RX(接收数据)、GND(地)3 个引脚与 PC 连接在一起,如图 7-5 所示。

(1) USART1 串口的 TX 和 RX 引脚分别与 STM32 单片机的 PA9、PA10 相连接。
(2) USART2 串口的 TX 和 RX 引脚分别与 STM32 单片机的 PA2、PA3 相连接。
(3) USART3 串口的 TX 和 RX 引脚分别与 STM32 单片机的 PB10、PB11 相连接。

STM32 单片机的引脚除了基本的输入/输出功能外,还作为 STM32 内置外设(如

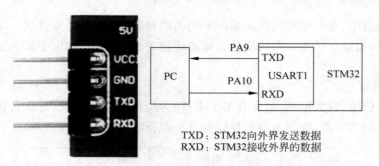

图 7-5　STM32 单片机串口引脚和通信

USARTx、TIMx、ADCx)的引脚，这就叫作接口引脚复用。如 PA9 可以复用为 USART1 的 TX 引脚。

2. 计算机 USB 口与 STM32 的 USART 之间的通信

通用串行总线(universal serial bus，USB)接口有 4 个引脚，分别是 VCC 负责提供+5V 电压；D+、D−两根数据线，负责数据传输；GND 公共接地端。计算机 USB 口与 STM32 单片机的 USART 进行串口通信时，需要使用 USB-TTL 转换器，例如经典的 CH340 或 CP2102，如图 7-6 所示。

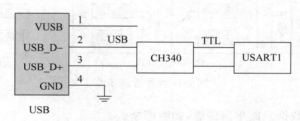

图 7-6　USB 口与 USART 串口的通信

3. USART 中的寄存器

USART 中最重要的寄存器是数据寄存器(USART_DR)。USART_DR 只用了低 9 位，高 23 位保留，其各位描述如图 7-7 所示。

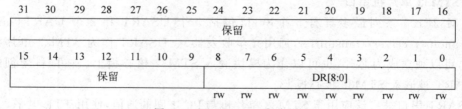

图 7-7　USART_DR 各位描述

位 8:0(DR)是数据值，用于数据的写入和读取。USART_DR 包含两个寄存器：TDR (发送寄存器)和 RDR(读数据寄存器)。TDR 寄存器提供了内部总线和输出移位寄存器之间的并行接口；RDR 寄存器提供了输入移位寄存器和内部总线之间的并行接口。

在串口通信中，Cortex-M3 向串口发送数据时，数据会自动存储在 TDR 内再转移到移位寄存器中。Cortex-M3 从串口读取数据时，则数据从移位寄存器转移到 RDR 再被 STM32 芯片读取，如图 7-8 所示。

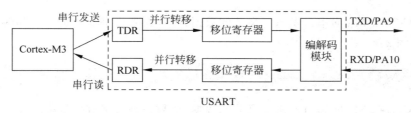

图 7-8 Cortex-M3 和 USART 的通信

7.2 USART 串口通信设计

7.2.1 基于 HAL 库的串口数据收发函数

1. 串口数据读取函数

格式:

```
HAL_StatusTypeDef HAL_UART_Receive(UART_HandleTypeDef * huart, uint8_t * pData, uint16_t Size, uint32_t Timeout);
```

形参:huart 表示串口,可以赋 &huart1、&huart2 等;pData 表示字节型指针,可以赋字节数组、& 字节变量;Size 表示字节数组或字节变量的长度;Timeout 表示超时毫秒数。

返回值:HAL 状态,如 HAL_OK、HAL_ERROR、HAL_BUSY、HAL_TIMEOUT。

应用举例 1:

```
s1= HAL_UART_Receive(&huart1, dat,4,4);
```

功能:Cortex-M3 从串口读取 4 个字节的数据,存入字节数组 dat 中,超时 4ms。

应用举例 2:

```
s2= HAL_UART_Receive(&huart1, &x,1,1);
```

功能:Cortex-M3 从串口读取 1 个字节的数据,存入字节变量 x 中,超时 1ms。

2. 串口数据发送函数

格式:

```
HAL_StatusTypeDef HAL_UART_Transmit(UART_HandleTypeDef * huart, const uint8_t * pData, uint16_t Size, uint32_t Timeout);
```

形参:huart 表示串口,可以赋 &huart1、&huart2 等;pData 表示字节型指针,可以赋字节数组、& 字节变量;Size 表示字节数组或字节变量的长度;Timeout 表示超时毫秒数。

返回值:HAL 状态,如 HAL_OK、HAL_ERROR、HAL_BUSY、HAL_TIMEOUT。

应用举例 1:

```
s1= HAL_UART_Transmit(&huart1, dat,4,4);
```

功能：Cortex-M3 向串口发送 4 字节的数据，该数据来自字节数组 dat，超时 4ms。
应用举例 2：

```
s2= HAL_UART_Transmit(&huart1, &x,1,1);
```

功能：Cortex-M3 向串口发送 1 字节的数据，该数据来自字节变量 x，超时 1ms。

注意：在 STM32CubeIDE 中，Cortex-M3 通过串口将数据发送给 PC，PC 通过串口将数据返回 Cortex-M3，串口中断问题已由 STM32CubeIDE 完美解决，用户不必考虑串口中断问题。

7.2.2　基于 Proteus 虚拟仿真的串口通信

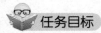

如图 7-9 所示，通过 USART1 将计算机与 STM32 单片机相连，在计算机中使用串口助手发送一个西文字符（字母、数字），单片机收到该字符后加 1，将新的字符通过 USART1 发回串口助手。例如，串口助手发送字符"1"，单片机返回字符"2"。要求使用 Proteus 软件进行虚拟仿真。其中，串口组件 P1 使用 COMPIM。

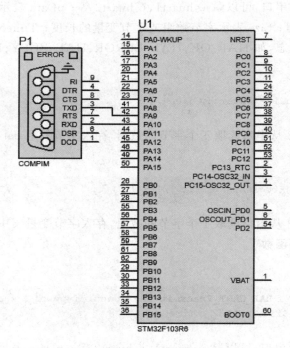

图 7-9　串口通信实验的仿真电路

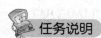

STM32 单片机的 PA9 引脚复用为 USART1 串口的 TX 引脚，PA10 引脚复用为 USART1 串口的 RX 引脚。

1. 使用 STM32CubeMX 新建 STM32 工程

（1）双击 STM32Cube MX 图标，在主界面中选择 File→New Project 菜单命令，在 Commercial Part Number 右边的下拉框中输入 STM32F103R6。

（2）单击 Pinout & Configuration 选项卡，将 PA9 引脚设置为 USART1_TX 模式，PA10 引脚设置为 USART1_RX 模式。

（3）若使用内置外设，必须对内置外设初始化。在 Categories（分类）页面中依次选择 Connetivity→USART1，在 USART1 Mode and Configuration 页面中将 Mode 设置为 Asynchronous（异步通信）；然后选择 Parameter Settings，设置串口的参数，如图 7-10 所示。

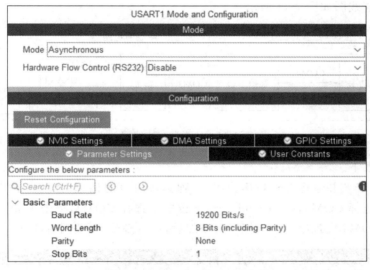

图 7-10　设置 USART1 的参数

（4）单击 Project Manager 选项卡。在 Project Name 中输入 Code；Project Location 设置为"E:\Users\chen\Desktop\STM32\7.2\"；在 Toolchain/IDE 中选择 MDK-ARM。

2. 在 Keil MDK 中配置 STM32 工程，并编程

main.c 程序如下。

```
#include "main.h"
UART_HandleTypeDef huart1;
void SystemClock_Config(void);
static void MX_GPIO_Init(void);
static void MX_USART1_UART_Init(void);
int main(void)
{
  HAL_Init();
  SystemClock_Config();
  MX_GPIO_Init();
  MX_USART1_UART_Init();
  uint8_t recByte;              //接收一个西文字符
```

```
while (1)
{
    //Cortex-M3 从串口读取一字节的数据
    if (HAL_UART_Receive(&huart1,&recByte,1,1)==0) {
        uint8_t sendByte;
        sendByte=recByte+1;
        //Cortex-M3 向串口发送一个字节的数据
        HAL_UART_Transmit(&huart1,&sendByte,1,1);
    }
}
```

3. 使用 Proteus 软件仿真

仿真运行连线图如图 7-11 所示。

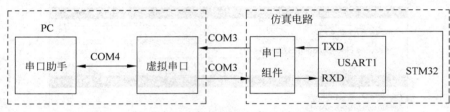

图 7-11 仿真运行连线图

操作步骤如下。

（1）在 PC 安装并运行 VSPD 虚拟串口，弹出 VSPD 对话框，如图 7-12 所示。在 First port 下拉框中选择 COM3，在 Second port 下拉框中选择 COM4，单击 Add pair 按钮，便添加 COM3 和 COM4 虚拟串口。虚拟串口添加后，如有必要，可关闭对话框。

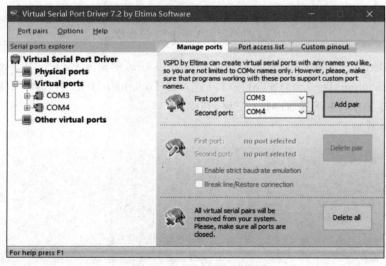

图 7-12 添加虚拟串口

注意：如果想让计算机与 Proteus 仿真电路中的单片机实现串口通信，必须借助第三方虚拟串口软件 VSPD(Visual Serial Port Driver)。

（2）验证：右击"我的电脑"，选择"管理"→"设备管理器"→"端口（COM 和 LPT）"，如图 7-13 所示。

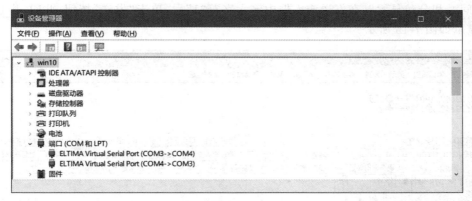

图 7-13 新创建的虚拟串口

（3）使用 Proteus 软件绘制如图 7-9 所示的仿真电路，存入"E:\Users\chen\Desktop\STM32\7.2\新工程.pdsprj"中。

（4）双击 STM32F103R6 芯片，在 Program File 中选择 STM32 工程生成的 hex 文件。

（5）在原理图绘制窗口单击"播放"按钮，启动仿真电路。

（6）在 PC 安装串口助手软件 sscom5.13.1.exe，并设置参数。

① 双击 sscom5.13.1.exe 文件，弹出"串口/网络数据调试器"对话框，如图 7-14 所示。选择"串口设置"→"打开串口设置"命令，弹出 Setup 对话框，按图 7-15 所示设置参数。

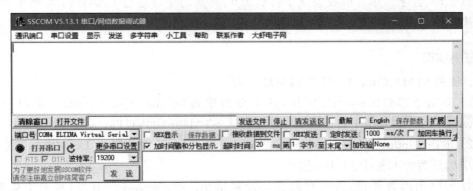

图 7-14 串口调试器

图 7-15 设置 COM 口参数

② 单击 OK 按钮，返回"串口调试器"。

③ 在串口调试器中，在端口号下拉框中选择 COM4，然后单击"打开串口"按钮，选中"加时间戳和分包显示"，在发送输入框中输入字符"1"后，单击"发送"按钮，此时，串口调试器的显示如图 7-16 所示。

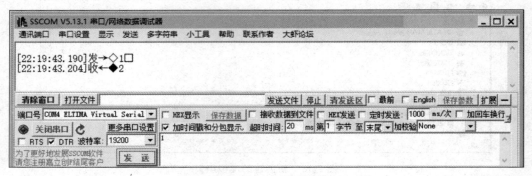

图 7-16　串口调试器的显示

注：◇是发送数据包的起始，□是发送数据包的结尾，◆是接收数据包的起始。

7.2.3　基于 STM32F103 嵌入式实验箱的串口通信

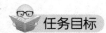

通过 USART1 将计算机与 STM32 单片机相连，在计算机中使用串口助手发送一个西文字符（字母、数字），单片机收到该字符后加 1，将新的字符通过 USART1 发回串口助手。例如，串口助手发送字符"1"，单片机返回字符"2"。要求使用实验箱进行实际操作。

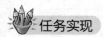

1. 使用 STM32CubeMX 新建 STM32 工程

（1）双击 STM32CubeMX 图标，在主界面中选择 File→New Project 菜单命令，在 Commercial Part Number 右边的下拉框中输入 STM32F103VCT6。

（2）单击 Pinout & Configuration 选项卡，将 PA9 引脚设置为 USART1_TX 模式，PA10 引脚设置为 USART1_RX 模式。

（3）若使用内置外设，必须对内置外设初始化。在 Categories（分类）页面中依次选择 Connetivity→USART1，在 USART1 Mode and Configuration 页面中将 Mode 设置为 Asynchronous（异步通信）；然后选择 Parameter Settings，设置串口的参数，如图 7-17 所示。

（4）单击 Project Manager 选项卡。在 Project Name 中输入 Entity；Project Location 设置为"E:\Users\chen\Desktop\STM32\7.2\"；在 Toolchain/IDE 中选择 MDK-ARM。

2. 在 Keil MDK 中配置 STM32 工程，并编程

main.c 程序如下。

```
#include "main.h"
UART_HandleTypeDef huart1;
```

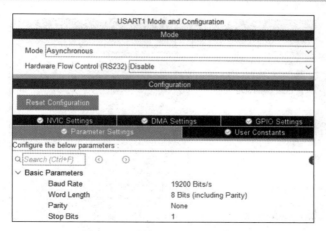

图 7-17　设置 USART1 的参数

```
void SystemClock_Config(void);
static void MX_GPIO_Init(void);
static void MX_USART1_UART_Init(void);
int main(void)
{
    HAL_Init();
    SystemClock_Config();
    MX_GPIO_Init();
    MX_USART1_UART_Init();
    uint8_t recByte;                    //接收一个西文字符
    while (1)
    {
        //Cortex-M3 从串口读取一个字节的数据
        if (HAL_UART_Receive(&huart1,&recByte,1,1)==0) {
            uint8_t sendByte;
            sendByte=recByte+1;
             //Cortex-M3 向串口发送一个字节的数据
            HAL_UART_Transmit(&huart1,&sendByte,1,1);
        }
    }
}
```

3. 基于 STM32F103 嵌入式实验箱运行

(1) 将 Entity.hex 烧写到 STM32F103VCT6 芯片的 Flash 中，单击 Reset 按钮。

(2) 打开 Virtual Serial Port Driver 对话框，检查是否存在 VSPD 虚拟串口（Virtual ports）。若存在，则删除之。删除虚拟串口后的对话框如图 7-18 所示。

(3) 使用串口直通线连接 PC 的 USB 口与核心板的 P3 接口（USB 口），如图 7-19 所示。实验箱运行连线图如图 7-20 所示，其中 CP2102 是 USB-TTL 转换器。

(4) 验证：右击"我的电脑"，选择"管理"→"设备管理"→"端口（COM 和 LPT）"，如图 7-21 所示。

(5) 在 PC 安装串口助手软件 sscom5.13.1.exe，并设置参数。

① 双击 sscom5.13.1.exe 文件，弹出"串口调试器"，选择"串口设置"→"打开串口设置"命令，按图 7-22 所示设置参数。

② 单击 OK 按钮，返回"串口调试器"。

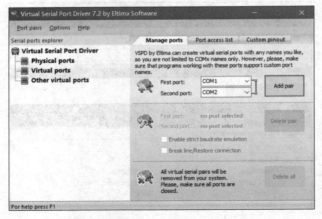

图 7-18 删除虚拟串口后的对话框

图 7-19 嵌入式实验箱核心板

①—核心板电源开关；②—连接仿真器的 SWD 接口；③—复位按钮；④—P3 接口

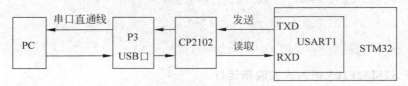

图 7-20 实验箱运行连线图

图 7-21 端口验证　　　　　　　　　　图 7-22 设置 COM 口参数

③ 在"串口调试器"中,在端口号下拉框中选择 COM4,然后单击"打开串口"按钮,选中"加时间戳和分包显示",在发送输入框中输入字符"1"后,单击"发送"按钮,此时,串口调试器的显示如图 7-23 所示。

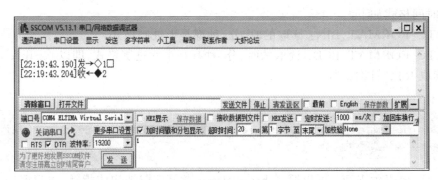

图 7-23　串口调试器的显示

注:◇是发送数据包的起始,□是发送数据包的结尾,◆是接收数据包的起始。

7.3　基于终端显示的 RTC 时钟设计

7.3.1　RTC 基础知识

实时时钟(real time clock,RTC)是一只特殊的定时器,是 STM32 单片机的一种内置外设。它可以根据输入的时钟源自动计时,用户只需校准一次日期和时间即可自动走时。常用于制作电子钟、电子表等计时工具。

1. RTC 的组成部件

RTC 主要由备用电源(纽扣电池)、"闹钟"中断源、"秒"中断源组成。备用电源保证 RTC 掉电后还继续运行;"闹钟"中断源实现闹钟功能;"秒"中断源实现秒点闪烁。

2. 基于 HAL 库的 RTC 函数

1) 读取 RTC 时间函数

格式:

```
HAL_StatusTypeDef HAL_RTC_GetTime(RTC_HandleTypeDef * hrtc, RTC_TimeTypeDef * sTime, uint32_t Format);
```

形参:hrtc 表示 RTC,可以赋 &hrtc;sTime 表示时间结构体指针,可以赋"& 时间结构体变量";Format 表示时间格式,可以赋 RTC_FORMAT_BIN(十进制格式)、RTC_FORMAT_BCD(十六进制格式)。

返回值:HAL 状态,如 HAL_OK、HAL_ERROR、HAL_BUSY、HAL_TIMEOUT。

应用举例:

```
HAL_RTC_GetTime(&hrtc, &sTimeStructure, RTC_FORMAT_BIN);
```

功能：以十进制格式读取 RTC 时间（包括时、分、秒），存入时间结构体变量中。

说明：

(1) 时间结构体变量包含 3 个成员：Hours、Minutes、Seconds。

(2) 时间格式如下。

① RTC_FORMAT_BIN：读取的时、分、秒都是十进制格式。

② RTC_FORMAT_BCD：读取的时、分、秒都是十六进制格式，即以 0x 开头。

2) 读取 RTC 日期函数

格式：

```
HAL_StatusTypeDef HAL_RTC_GetDate(RTC_HandleTypeDef *hrtc, RTC_DateTypeDef *sDate, uint32_t Format);
```

形参：hrtc 表示 RTC，可以赋 &hrtc；sDate 表示日期结构体指针，可以赋"& 日期结构体变量"；Format 表示时间格式，可以赋 RTC_FORMAT_BIN（十进制格式）、RTC_FORMAT_BCD（十六进制格式）。

返回值：HAL 状态，如 HAL_OK、HAL_ERROR、HAL_BUSY、HAL_TIMEOUT。

应用举例：

```
HAL_RTC_GetDate(&hrtc, &sDateStructure, RTC_FORMAT_BCD);
```

功能：以十六进制格式读取 RTC 日期（包括年、月、日、星期几），存入日期结构体变量中。

说明：

① 日期结构体变量包含 4 个成员：Year、Month、Date、WeekDay。

② 日期格式如下。

- RTC_FORMAT_BIN：读取的年、月、日、星期几都是十进制格式。
- RTC_FORMAT_BCD：读取的年、月、日、星期几都是十六进制格式，即以 0x 开头。

3) 设置 RTC 时间函数

格式：

```
HAL_StatusTypeDef HAL_RTC_SetTime(RTC_HandleTypeDef *hrtc, RTC_TimeTypeDef *sTime, uint32_t Format);
```

应用举例：

```
HAL_RTC_SetTime(&hrtc, &sTime, RTC_FORMAT_BIN);
```

功能：使用时间结构体变量的成员值设置 RTC 时间（包括时、分、秒）。

4) 设置 RTC 日期函数

格式：

```
HAL_StatusTypeDef HAL_RTC_SetDate(RTC_HandleTypeDef *hrtc, RTC_DateTypeDef *sDate, uint32_t Format);
```

应用举例：

HAL_RTC_SetDate(&hrtc, &DateToUpdate, RTC_FORMAT_BIN);

功能：使用日期结构体变量的成员值设置 RTC 日期（包括年、月、日、星期几）。
5）sprintf 函数
格式：

sprintf(字符数组,格式控制符,参数);

应用举例：

sprintf(sYear,"%04x-",0x2000+sDateStructure.Year);

功能：把参数格式化后写入字符数组中。格式控制符"％04x"表示采用 16 进制，输出占 4 列，不足 4 列左边补 0。

7.3.2 基于 Proteus 虚拟仿真的 RTC 实验

单片机 STM32F103R6 每隔 1s 以"YYYY-MM-DD HH:MM:SS"的格式自动向串口输出日期和时间信息（ASCII 格式），起始时间设为"2020-05-20 12:36:00"，自动走时，按下按钮 BTN，时间自动恢复为起始时间。串口波特率为 19200b/s，如图 7-24 所示。使用 Proteus 软件进行虚拟仿真。其中，电阻 R 使用 RES；按钮 BTN 使用 BUTTON；虚拟终端使用 Virtual Terminal。

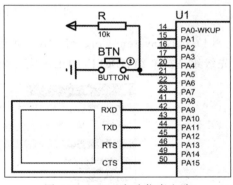

图 7-24 RTC 实验仿真电路

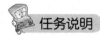

(1) STM32 单片机的 PA9 引脚复用为 USART1 串口的 TX 引脚。

(2) 按钮 BTN 是外部中断源，使用的中断线分别是 EXTI5。当 BTN 断开时，向中断线 EXTI5 输入高电平；当 BTN 按下时，向中断线 EXTI5 输入的电平由 1 变 0（即下降沿）。因此，当中断线 EXTI5 捕获到下降沿信号时，就会向 Cortex-M3 发出中断请求，这称为下降沿触发。

1. 使用 STM32CubeMX 新建 STM32 工程

(1) 双击 STM32Cube MX 图标，在主界面中选择 File→New Project 菜单命令，在 Commercial Part Number 右边的下拉框中输入 STM32F103R6。

（2）单击 Pinout & Configuration 选项卡，将 PA9 引脚设置为 USART1_TX 模式，PA5 引脚设置为 GPIO_EXTI5。

项目中设置了中断线，必须为中断线映射的引脚设置参数，并为中断线设置优先级。

项目中使用了内置外设 RTC、USART1，必须对它们初始化。

（3）在 Categories（分类）页面中依次选择 System Core→GPIO，为中断线映射的引脚 PA5 设置参数。这里触发方式选择 External Interrupt Mode with Falling edge trigger detection（下降沿触发）；"拉"选择 Pull-up（上拉），如图 7-25 所示。

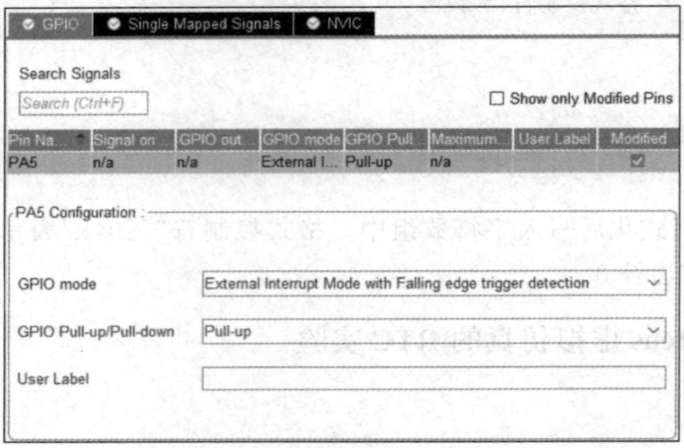

图 7-25 为中断线映射的引脚设置参数

（4）选择 System Core→NVIC，确定一个优先级组，设置 EXTI5 优先级和使能。这里，优先级组选择 0 组，EXTI5 的抢占优先级和响应优先级均设为 0，如图 7-26 所示。

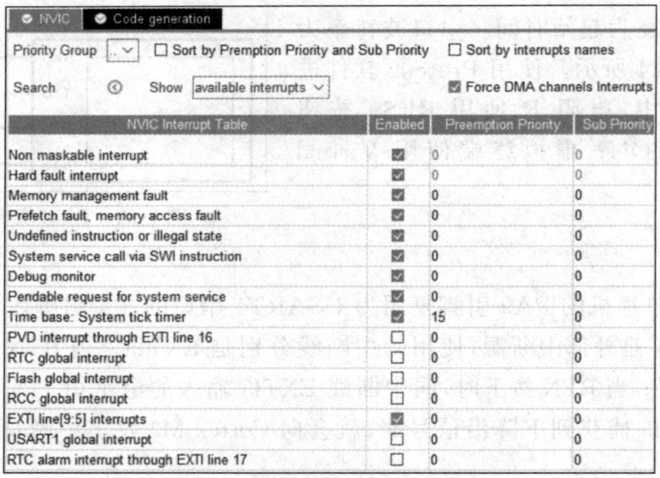

图 7-26 为中断线设置优先级

（5）在 Categories（分类）页面中依次选择 Timers→RTC，在 RTC Mode and Configuration 页面中选中 Activate Clock Source 和 Activate Calendar 复选框，设置 RTC 的参数。根据题意，起始时间设定为十进制格式的"2020-05-20 12:36:00"，如图 7-27 所示。

（6）在 Categories（分类）页面中依次选择 Connetivity→USART1，在 USART1 Mode

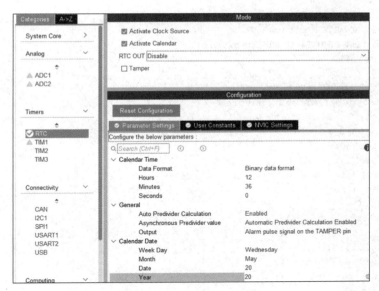

图 7-27 设置 RTC 的参数

and Configuration 页面中将 Mode 设置为 Asynchronous(异步通信); 然后选择 Parameter Settings, 设置串口的参数, 如图 7-28 所示。

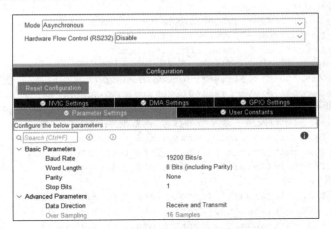

图 7-28 设置 USART1 的参数

(7) 单击 Project Manager 选项卡。在 Project Name 中输入 Code; Project Location 设置为"E:\Users\chen\Desktop\STM32\7.3\"; 在 Toolchain/IDE 中选择 MDK-ARM。

2. 在 Keil MDK 中配置 STM32 工程, 并编程

main.c 程序如下。

```
#include "main.h"
#include "stdio.h"
RTC_HandleTypeDef hrtc;
UART_HandleTypeDef huart1;
void SystemClock_Config(void);
static void MX_GPIO_Init(void);
```

```c
static void MX_RTC_Init(void);
static void MX_USART1_UART_Init(void);
int main(void)
{
  RTC_DateTypeDef sDateStructure;
  RTC_TimeTypeDef sTimeStructure;
  char sYear[5];
  char sMonth[3];
  char sDate[3];
  char sHour[3];
  char sMin[3];
  char sSec[4];
  HAL_Init();
  SystemClock_Config();
  MX_GPIO_Init();
  MX_RTC_Init();
  MX_USART1_UART_Init();
  while (1)
  {  //十进制
    HAL_RTC_GetTime(&hrtc, &sTimeStructure, RTC_FORMAT_BIN);
    //BCD,以 0x 开头
    HAL_RTC_GetDate(&hrtc, &sDateStructure, RTC_FORMAT_BCD);
    //把格式化的数据写入字符数组中。格式控制符"%04x"表示采用 16 进制,输出占 4 列,不足 4 列左边补 0
    sprintf(sYear,"%04x-",0x2000+sDateStructure.Year);
    sprintf(sMonth,"%02x-",sDateStructure.Month);
    sprintf(sDate,"%02x ",sDateStructure.Date);
    sprintf(sHour,"%02d:",sTimeStructure.Hours);
    sprintf(sMin,"%02d:",sTimeStructure.Minutes);
    sprintf(sSec,"%02d\n\r",sTimeStructure.Seconds);
    /*打印日期*/
    //Cortex-M3 向串口发送 5 个字节的数据,该数据来自 sYear,超时 5ms
    HAL_UART_Transmit(&huart1,(const uint8_t *)sYear,5,5);
    HAL_UART_Transmit(&huart1,(const uint8_t *)sMonth,3,3);
    HAL_UART_Transmit(&huart1,(const uint8_t *)sDate,3,3);
    /*打印时间*/
    HAL_UART_Transmit(&huart1,(const uint8_t *)sHour,3,3);
    HAL_UART_Transmit(&huart1,(const uint8_t *)sMin,3,3);
    HAL_UART_Transmit(&huart1,(const uint8_t *)sSec,4,4);
    HAL_Delay(1000);
  }
}
//若按下按钮 BTN 时,就产生一次外部中断,自动调用中断服务函数 EXTI9_5_IRQHandler(),由中断服务函数调用中断回调函数 HAL_GPIO_EXTI_Callback()
void HAL_GPIO_EXTI_Callback(uint16_t GPIO_Pin)
{
  RTC_DateTypeDef sDateStructure;
  RTC_TimeTypeDef sTimeStructure;
  if(GPIO_Pin==GPIO_PIN_5)     //检测到 EXTI5 线产生外部中断事件
  {
      sDateStructure.Year=20;
      sDateStructure.Month=5;
      sDateStructure.Date=20;
```

```
    sDateStructure.WeekDay=3;
    //十进制数
    HAL_RTC_SetDate(&hrtc,&sDateStructure,RTC_FORMAT_BIN);
    sTimeStructure.Hours=0x12;
    sTimeStructure.Minutes=0x36;
    sTimeStructure.Seconds=0;
    //十六进制,以 0x 开头
    HAL_RTC_SetTime(&hrtc, &sTimeStructure, RTC_FORMAT_BCD);
    //STM32 读取 PA5 引脚的输入值
    while(HAL_GPIO_ReadPin(GPIOA,GPIO_PIN_5)==GPIO_PIN_RESET);
  }
}
```

3. 使用 Proteus 软件仿真的 RTC 实验

（1）使用 Proteus 软件绘制如图 7-24 所示的仿真电路，存入"E:\Users\chen\Desktop\STM32\7.3\新工程.pdsprj"中。

（2）双击 STM32F103R6 芯片，在 Program File 中选择 STM32 工程生成的 hex 文件。

（3）在原理图绘制窗口单击"播放"按钮，启动仿真电路。

（4）若没有弹出 Virtual Terminal，则选择"调试"菜单的 Virtual Terminal（虚拟终端）命令。仿真实验结果如图 7-29 所示。

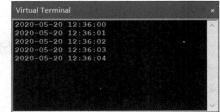

图 7-29　仿真实验结果

（5）当按下按钮 BTN 时，观察 Virtual Terminal 的显示有何变化。

7.3.3　基于 STM32F103 嵌入式实验箱的 RTC 实验

（1）把 7.3\Code 工程烧写到 STM32 单片机的 Flash 中。

（2）使用串口直通线连接 PC 的 USB 口与核心板的 P3 接口（USB 口），如图 7-30 所示。

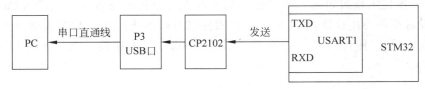

图 7-30　PC 与核心板的连接

（3）在 PC 安装串口助手软件 sscom5.13.1.exe，并设置参数。

① 双击 sscom5.13.1.exe 文件，弹出"串口调试器"，选择"串口设置"→"打开串口设置"命令，弹出 Setup 对话框。按图 7-31 所示设置参数。

② 在串口调试器中，在端口号下拉框中选择 COM4，然后单击"打开串口"按钮，此时，串口调试器的显示如图 7-32 所示。

图 7-31　设置 COM4 参数

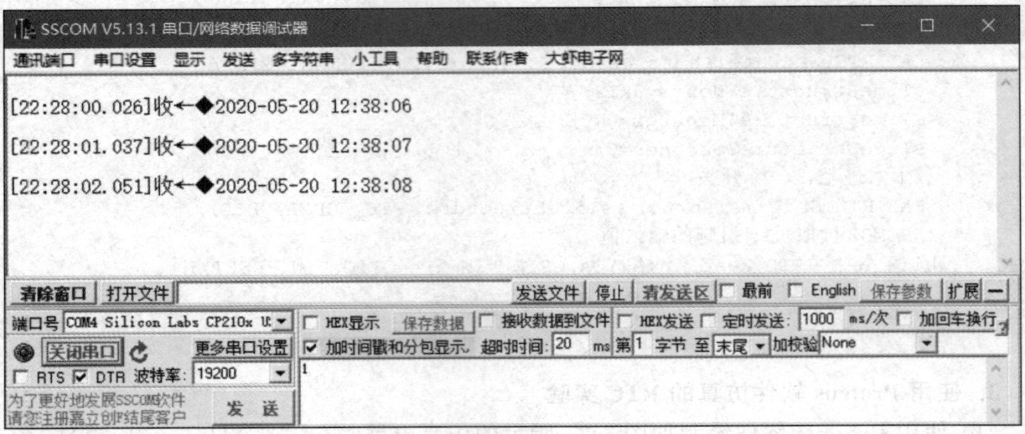

图 7-32　串口调试器的显示

7.4　基于 IIC 总线的 OLED 液晶屏显示

7.4.1　IIC 总线

1. IIC 概述

IIC(inter integrated circuit，内部集成电路，又称 I^2C)是一种串行通信总线。它使用两根线进行通信：一根是双向的数据线(SDA)，另一根是时钟线(SCL)。这种通信方式属于同步通信，要求发送端与接收端采用统一的时钟信号。IIC 总线的这种同步通信方式确保了数据传输的准确性和稳定性。此外，IIC 总线还具有简单性、有效性和低成本等优点，使得它在许多应用系统中得到广泛应用，尤其是在需要连接低速周边设备的场合。IIC 是 STM32 单片机的一种内置外设。

IIC 总线连接示意图如图 7-33 所示。向总线发送数据的设备作为发送器，而从总线接收数据的设备则作为接收器，通过冲突检测和仲裁可以防止总线上数据传输发生错误。目前 IIC 总线具有 3 种传输速率：标准模式为 100kb/s，快速模式为 400kb/s，高速模式为 3.4Mb/s。

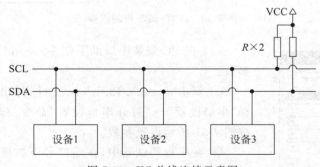

图 7-33　IIC 总线连接示意图

SCL 与 SDA 通过上拉电阻接到电源 VCC。当 IIC 总线处于"空闲"状态时，SCL、SDA 均为高电平。

2．通信时序

IIC 通信时序分为发送器启动/停止通信、数据位传送、接收器返回响应信号 3 种。

1) 发送器启动/停止通信

在 SCL 保持高电平期间，当 SDA 产生一个下降沿信号，发送器就启动通信。在 SCL 保持高电平期间，当 SDA 产生一个上升沿信号，发送器就停止通信，如图 7-34 所示。

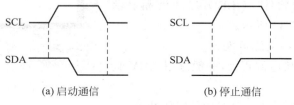

(a) 启动通信　　　　　　(b) 停止通信

图 7-34　IIC 启停通信时序

2) 数据位传送

数据发送器在启动通信之后，便向 IIC 总线发送数据，发送数据长度为 1 字节，发送顺序为高位在前、低位在后、逐位发送。如图 7-35 所示，在 SCL 处于高电平期间，SDA 必须保持稳定，SDA 低电平表示数据 0、高电平表示数据 1，只有在 SCL 处于低电平期间，SDA 才能改变电平状态。

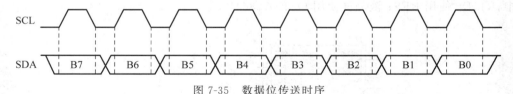

图 7-35　数据位传送时序

3) 接收器返回响应信号

数据发送器可以连续发送多个字节数据，但是每发送一字节（8 位）数据，数据接收器必须返回一位响应信号。响应信号位若为低电平则规定为应答响应位（简称 ACK），表示数据接收器接收该字节数据成功；响应信号位若为高电平则规定为非应答响应位（简称 NACK），表示数据接收器接收该字节数据失败。如果数据接收器是主机，则在它收到最后一个字节数据后，返回一个非应答位，通知数据发送器结束数据发送，接着主机向总线发送一个停止通信信号，结束通信过程。

7.4.2　OLED12864 液晶显示屏

OLED 屏幕作为一种新型的显示技术，其自身可以发光、亮度、对比度高，功耗低，在当下备受追捧。而在正常的显示调整参数过程中，越来越多地使用这种屏幕，一般使用的是分辨率为 128px×64px，屏幕尺寸为 0.96 英寸（本书使用的是四针 1.3 英寸白光 OLED 显示模块）。由于其较小的尺寸和较高的分辨率，而有很好的显示效果和便携性。

OLED12864 的分辨率为 128px×64px，长是 128 个像素点，宽是 64 个像素点，每个字符由多个像素点组成。如果一个字符是 8×8 个像素点构成的,那么液晶屏可以显示的最多字符数:长度方向为 128/8＝16(个)字符,宽度方向为 64/8＝8(行)。但是如果字符紧挨着字符、行紧挨着行,一点空间都不留,屏幕密密麻麻,显示效果会下降,所以宽度可以做成 6 行,行与行之间相隔 3～5 个像素点。OLED12864 不带字库,需要用户自建字库,PCtoLCD 是常用的生成字库的软件。OLED12864 液晶显示屏有 4 个引脚,如图 7-36 所示。

（1）GND 引脚:接电源负极。

（2）VCC 引脚:接电源正极,一般选用 3.3V 直流电源。

（3）SCL 引脚:连接 IIC 总线中的时钟线。

（4）SDA 引脚:连接 IIC 总线中的数据线。

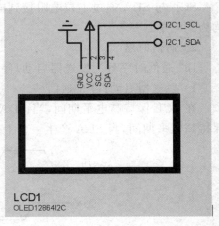

图 7-36 液晶显示屏的引脚

7.4.3 基于 Proteus 虚拟仿真的液晶屏显示

  任务目标

使用 Proteus 软件进行虚拟仿真,在液晶显示器显示"hello world!",如图 7-37 所示。其中,R1、R2 使用 RES;液晶屏使用 OLED12864I2C。

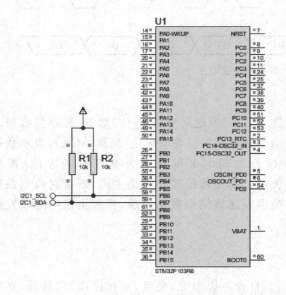
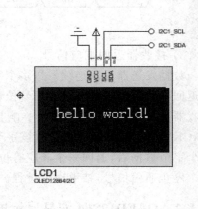

图 7-37 基于 IIC 连接的 LCD 液晶屏显示仿真电路

任务说明

STM32 单片机的 PB6 引脚复用为 I2C1_SCL,PB7 引脚复用为 I2C1_SDA。

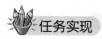

任务实现

1. 使用 STM32CubeMX 新建 STM32 工程

（1）双击 STM32Cube MX 图标，在主界面中选择 File→New Project 菜单命令，在 Commercial Part Number 右边的下拉框中输入 STM32F103R6。

（2）单击 Pinout & Configuration 选项卡，将 PB6 引脚设置为 I2C1_SCL 模式，PB7 引脚设置为 I2C1_SDA 模式。

（3）若使用内置外设，必须对内置外设初始化。在 Categories（分类）页面中依次选择 Connectivity→I2C1，在 I2C1 Mode and Configuration 页面中将 I2C 设置为 I2C，如图 7-38 所示。

（4）单击 Project Manager 选项卡。在 Project Name 中输入 Code；Project Location 设置为"E:\Users\chen\Desktop\STM32\7.4\"；在 Toolchain/IDE 中选择 MDK-ARM。

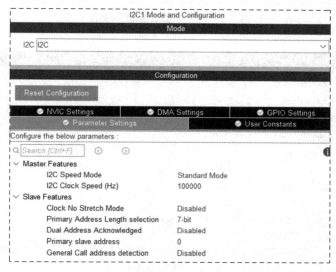

图 7-38 配置 I2C 的参数

2. 在 Keil MDK 中配置 STM32 工程，并编程

（1）在目录树中创建 oled12864.c 文件（oled12864 液晶屏驱动文件）。

在 Code 工程的目录树中，右击 Application/User/Core 分组，选择 Add New Item to Group 'Application/User/Core'命令，在弹出的对话框中选择"C File(.c)"，然后在 Name 的文本框中输入 oled12864.c，在 Location 中选择"E:\Users\chen\Desktop\STM32\7.4\Code\Core\Src"，如图 7-39 所示。

（2）在目录树中创建 oled12864.h 文件，然后将 oled12864.h 从目录树中移走。

在 Code 工程的目录树中，右击 Application/User/Core 分组，选择 Add New Item to Group 'Application/User/Core'命令，在弹出的对话框中选择 Header File(.h)，然后在 Name 的文本框中输入 oled12864.h，在 Location 中选择"E:\Users\chen\Desktop\STM32\7.4\Code\Core\Inc"，如图 7-40 所示。右击目录树的 oled12864.h，选择 Remove File 'oled12864.h'命令，将 oled12864.h 文件从目录树中移走。

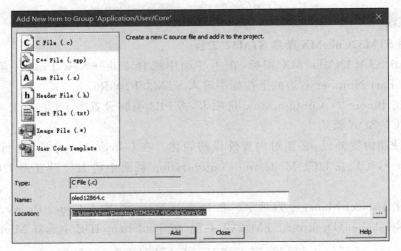

图 7-39 创建 oled12864.c 文件

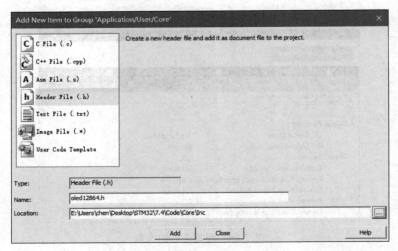

图 7-40 创建 oled12864.h 文件

（3）同理，在 7.4\Code\Core\Inc 中创建 asciiFont.h 文件，然后将 asciiFont.h 文件从目录树中移走。

（4）在 main.c 中编程。

```
#include "main.h"
#include "oled12864.h"
I2C_HandleTypeDef hi2c1;
void SystemClock_Config(void);
static void MX_GPIO_Init(void);
static void MX_I2C1_Init(void);
int main(void)
{
  HAL_Init();
  SystemClock_Config();
```

```
    MX_GPIO_Init();
    MX_I2C1_Init();
    oledInit();
    oledDisplayAscii(0,1,"   hello world!      ");//在液晶屏的(0,1)开始输出"hello world!"
    while (1);
    }
```

(5) 在 oled12864.c 中编程。

```
#include "oled12864.h"
#include "main.h"
#include "asciiFont.h"
extern I2C_HandleTypeDef hi2c1;
HAL_StatusTypeDef oledIsReady(void)
{
    uint8_t timer = 10;
    HAL_StatusTypeDef isOk;
    isOk  = HAL_I2C_IsDeviceReady(&hi2c1,OLED_ADDRESS,timer,20);
    return isOk;
}
HAL_StatusTypeDef oledWriteOneByte(uint16_t devAddr,uint8_t byteData)
{
    HAL_StatusTypeDef isOk;
    isOk = HAL_I2C_Master_Transmit(&hi2c1,devAddr,&byteData,1,2);
    return isOk;
}
HAL_StatusTypeDef oledWriteCmd(uint8_t byteCmd)
{
    HAL_StatusTypeDef isOk;
    uint8_t arrData[2]={0x00,byteCmd};
    //while(oledIsReady()==HAL_OK);
    isOk = HAL_I2C_Master_Transmit(&hi2c1,OLED_ADDRESS,arrData,2,2);
    return isOk;
}
HAL_StatusTypeDef oledWriteData(uint8_t byteData)
{
    HAL_StatusTypeDef isOk;
    uint8_t arrData[2]={0x40,byteData};
    //while(oledIsReady()==HAL_OK);
    isOk = HAL_I2C_Master_Transmit(&hi2c1,OLED_ADDRESS,arrData,2,2);
    return isOk;
}

void oledSetPos(uint8_t xPos,uint8_t yPos)
{
      //Y方向即垂直方向--64行分8页这个值只能是0~7-基础指令为0xb0,偏移0~7可选
         oledWriteCmd(0xb0 + yPos);
    //X方向即水平方向--128列不分页-这个值必须高4位和低4位分开各设置一次
    oledWriteCmd(((xPos & 0xf0) >> 4) | 0x10);        //设置高4位
    oledWriteCmd(xPos & 0x0f);                       //设置低4位
}
void oledFill(uint8_t fillData)
```

```c
{
    uint8_t y, x;
    //由于是页寻址模式-每次只能填充1页-需要分8次填充
    for (y = 0; y < 8; y++)
    {
        oledSetPos(0,y);
        for (x = 0; x < X_WIDTH; x++)          //每次可填充128列
            oledWriteData(fillData);            //填入数据
    }
}
void oledCls(void)
{
    oledFill(0x00);
}
void oledInit(void)
{
    HAL_Delay(500);                             //初始化之前的延时很重要
    oledWriteCmd(0xae);                         //关闭液晶显示
    //下面2条指令设置寻址方式-寻址方式同软件取模方式有密切关系
    oledWriteCmd(0x20);                         //说明要设置寻址方式
    oledWriteCmd(0x02);                         //0x00 水平寻址-01 垂直寻址-02 为页寻址
    //下面3条指令设置列和页的初始化地址-只能页寻址时使用
    oledWriteCmd(0x00);                         //写入列初始地址低4位
    oledWriteCmd(0x10);                         //写入列初始地址高4位
    oledWriteCmd(0xb0);                         //写入页初始地址
    //将液晶内部负责显示的 RAM 映射到显示面板-取值 0x40-0x7F
    oledWriteCmd(0x40);                         //0x40 映射没有偏移
    //下面2条指令设置对比度
    oledWriteCmd(0x81);                         //说明要设置对比度
    oledWriteCmd(Brightness);                   //对比度的值
    //下面2条指令可以理解为显示顺序设置
    oledWriteCmd(0xa1);                         //0xa1 从左到右显示-0xa0 从右向左显示
    oledWriteCmd(0xc8);                         //0xc8 从上到下显示-0xc0 从下到上显示
    oledWriteCmd(0xa6);                         //设置为 0 灭 1 亮-0xa7 相反
    //下面2条指令设置选通行数-取值 0x0f~0x3f
    oledWriteCmd(0xa8);                         //说明要设置选通行数
    oledWriteCmd(0x3f);                         //具体行数-此处为 64 行(0~63)
    //下面2条指令设置垂直显示向上偏移行数-取值 0x0f~0x3f
    oledWriteCmd(0xd3);                         //说明要设置垂直显示偏移
    oledWriteCmd(0x00);                         //设置偏移值-此处不偏移(0~63)
    //下面2条指令设置液晶刷新频率-基础值 0x80-共可设置 16 级分频
    oledWriteCmd(0xd5);                         //说明要设置刷新频率
    oledWriteCmd(0x80);                         //每秒 100 帧(最小值)
    //下面2条指令设置充电周期
    oledWriteCmd(0xd9);                         //说明要设置预充电周期
    oledWriteCmd(0xf1);                         //15 个时钟一个周期(复位为 2 个时钟)
    //下面2条指令设置行引脚配置-取值 0x02-0x12-0x22-0x32
    oledWriteCmd(0xda);                         //说明要设置行引脚
    oledWriteCmd(0x12);                         //设置为默认值
    //下面2条指令设置 Vcomh 反压值
    oledWriteCmd(0xdb);                         //说明要设置反压值
    oledWriteCmd(0x40);                         //设置为 0x40
    //下面2条指令设置电荷泵-取值 0x14-0x10
```

```
    oledWriteCmd(0x8d);        //说明要设置电荷泵
    oledWriteCmd(0x14);        //0x14 启用-0x10 不启用
    oledWriteCmd(0xa4);        //0xa4 显示值取 RAM 中的值-0xa5 不管 RAM 全部点亮屏幕
    oledWriteCmd(0xaf);        //打开液晶显示
}
void oledDisplayAscii(uint8_t xPos,uint8_t yPos,char *pAscii)
{
  uint8_t i = 0;
  uint8_t OledX, OledY;
  OledX = xPos *8;
  OledY = yPos *2;
  while (*pAscii != '\0')
  {
      oledSetPos(OledX,OledY);
      for(i=0;i<8;i++)
          oledWriteData(asciiFontList[(*pAscii)-32][i]);
      oledSetPos(OledX,OledY+1);
      for(i=0;i<8;i++)
          oledWriteData(asciiFontList[(*pAscii)-32][i+8]);
      OledX += 8;
      pAscii++;
  }
}
```

（6）在 oled12864.h 中编程。

```
#ifndef __IICDEV_H__
#define __IICDEV_H__
#include "main.h"
#define OLED_ADDRESS 0X0078    //SSD1306 控制器的 OLED 地址为 0x78 和 0x79
#define Brightness 0x7F        //亮度最大 255
#define X_WIDTH 128            //液晶水平方向点数
#define Y_WIDTH 64             //液晶垂直方向点数
HAL_StatusTypeDef oledIsReady(void);
HAL_StatusTypeDef oledWriteOneByte(uint16_t devAddr,uint8_t byteData);
HAL_StatusTypeDef oledWriteCmd(uint8_t byteCmd);
HAL_StatusTypeDef oledWriteData(uint8_t byteData);
void oledSetPos(uint8_t xPos,uint8_t yPos);
void oledDisplayAscii(uint8_t xPos,uint8_t yPos,char *pAscii);
void oledInit(void);
void oledFill(uint8_t fillData);
void oledCls(void);
#endif
```

（7）在 asciiFont.h 中编程。

```
//95 个字符的字模
const uint8_t asciiFontList[95][16]=
{
{0x00,0x00,0x00,0x00,0x00,0x00,0x00,0x00,0x00,0x00,0x00,0x00,0x00,0x00,0x00,
0x00},//0
```

{0x00,0x00,0x00,0xF8,0x00,0x00,0x00,0x00,0x00,0x00,0x00,0x33,0x30,0x00,0x00,0x00},//!
{0x00,0x10,0x0C,0x06,0x10,0x0C,0x06,0x00,0x00,0x00,0x00,0x00,0x00,0x00,0x00,0x00},//"
{0x40,0xC0,0x78,0x40,0xC0,0x78,0x40,0x00,0x04,0x3F,0x04,0x04,0x3F,0x04,0x04,0x00},//#
{0x00,0x70,0x88,0xFC,0x08,0x30,0x00,0x00,0x00,0x18,0x20,0xFF,0x21,0x1E,0x00,0x00},//$
{0xF0,0x08,0xF0,0x00,0xE0,0x18,0x00,0x00,0x00,0x21,0x1C,0x03,0x1E,0x21,0x1E,0x00},//%
{0x00,0xF0,0x08,0x88,0x70,0x00,0x00,0x00,0x1E,0x21,0x23,0x24,0x19,0x27,0x21,0x10},//&
{0x10,0x16,0x0E,0x00,0x00,0x00,0x00,0x00,0x00,0x00,0x00,0x00,0x00,0x00,0x00,0x00},//'
{0x00,0x00,0x00,0xE0,0x18,0x04,0x02,0x00,0x00,0x00,0x00,0x07,0x18,0x20,0x40,0x00},//(
{0x00,0x02,0x04,0x18,0xE0,0x00,0x00,0x00,0x00,0x40,0x20,0x18,0x07,0x00,0x00,0x00},//)
{0x40,0x40,0x80,0xF0,0x80,0x40,0x40,0x00,0x02,0x02,0x01,0x0F,0x01,0x02,0x02,0x00},//*
{0x00,0x00,0x00,0xF0,0x00,0x00,0x00,0x00,0x01,0x01,0x01,0x1F,0x01,0x01,0x01,0x00},//+
{0x00,0x00,0x00,0x00,0x00,0x00,0x00,0x00,0x80,0xB0,0x70,0x00,0x00,0x00,0x00,0x00},//,
{0x00,0x00,0x00,0x00,0x00,0x00,0x00,0x00,0x01,0x01,0x01,0x01,0x01,0x01,0x01,0x01},//-
{0x00,0x00,0x00,0x00,0x00,0x00,0x00,0x00,0x00,0x30,0x30,0x00,0x00,0x00,0x00,0x00},//.
{0x00,0x00,0x00,0x00,0x80,0x60,0x18,0x04,0x00,0x60,0x18,0x06,0x01,0x00,0x00,0x00},///
{0x00,0xE0,0x10,0x08,0x08,0x10,0xE0,0x00,0x00,0x0F,0x10,0x20,0x20,0x10,0x0F,0x00},//0
{0x00,0x10,0x10,0xF8,0x00,0x00,0x00,0x00,0x00,0x20,0x20,0x3F,0x20,0x20,0x00,0x00},//1
{0x00,0x70,0x08,0x08,0x08,0x88,0x70,0x00,0x00,0x30,0x28,0x24,0x22,0x21,0x30,0x00},//2
{0x00,0x30,0x08,0x88,0x88,0x48,0x30,0x00,0x00,0x18,0x20,0x20,0x20,0x11,0x0E,0x00},//3
{0x00,0x00,0xC0,0x20,0x10,0xF8,0x00,0x00,0x00,0x07,0x04,0x24,0x24,0x3F,0x24,0x00},//4
{0x00,0xF8,0x08,0x88,0x88,0x08,0x08,0x00,0x00,0x19,0x21,0x20,0x20,0x11,0x0E,0x00},//5
{0x00,0xE0,0x10,0x88,0x88,0x18,0x00,0x00,0x00,0x0F,0x11,0x20,0x20,0x11,0x0E,0x00},//6
{0x00,0x38,0x08,0x08,0xC8,0x38,0x08,0x00,0x00,0x00,0x00,0x3F,0x00,0x00,0x00,0x00},//7
{0x00,0x70,0x88,0x08,0x08,0x88,0x70,0x00,0x00,0x1C,0x22,0x21,0x21,0x22,0x1C,0x00},//8
{0x00,0xE0,0x10,0x08,0x08,0x10,0xE0,0x00,0x00,0x00,0x31,0x22,0x22,0x11,0x0F,0x00},//9
{0x00,0x00,0x00,0xC0,0xC0,0x00,0x00,0x00,0x00,0x00,0x00,0x30,0x30,0x00,0x00,0x00},//:
{0x00,0x00,0x00,0x80,0x00,0x00,0x00,0x00,0x00,0x00,0x80,0x60,0x00,0x00,0x00,0x00},//;

```
{0x00, 0x00, 0x80, 0x40, 0x20, 0x10, 0x08, 0x00, 0x00, 0x01, 0x02, 0x04, 0x08, 0x10, 0x20, 0x00},//<
{0x40, 0x40, 0x40, 0x40, 0x40, 0x40, 0x40, 0x00, 0x04, 0x04, 0x04, 0x04, 0x04, 0x04, 0x04, 0x00},//=
{0x00, 0x08, 0x10, 0x20, 0x40, 0x80, 0x00, 0x00, 0x00, 0x20, 0x10, 0x08, 0x04, 0x02, 0x01, 0x00},//>
{0x00, 0x70, 0x48, 0x08, 0x08, 0x08, 0xF0, 0x00, 0x00, 0x00, 0x00, 0x30, 0x36, 0x01, 0x00, 0x00},//?
{0xC0, 0x30, 0xC8, 0x28, 0xE8, 0x10, 0xE0, 0x00, 0x07, 0x18, 0x27, 0x24, 0x23, 0x14, 0x0B, 0x00},//@
{0x00, 0x00, 0xC0, 0x38, 0xE0, 0x00, 0x00, 0x00, 0x20, 0x3C, 0x23, 0x02, 0x02, 0x27, 0x38, 0x20},//A
{0x08, 0xF8, 0x88, 0x88, 0x88, 0x70, 0x00, 0x00, 0x20, 0x3F, 0x20, 0x20, 0x20, 0x11, 0x0E, 0x00},//B
{0xC0, 0x30, 0x08, 0x08, 0x08, 0x08, 0x38, 0x00, 0x07, 0x18, 0x20, 0x20, 0x20, 0x10, 0x08, 0x00},//C
{0x08, 0xF8, 0x08, 0x08, 0x08, 0x10, 0xE0, 0x00, 0x20, 0x3F, 0x20, 0x20, 0x20, 0x10, 0x0F, 0x00},//D
{0x08, 0xF8, 0x88, 0x88, 0xE8, 0x08, 0x10, 0x00, 0x20, 0x3F, 0x20, 0x20, 0x23, 0x20, 0x18, 0x00},//E
{0x08, 0xF8, 0x88, 0x88, 0xE8, 0x08, 0x10, 0x00, 0x20, 0x3F, 0x20, 0x00, 0x03, 0x00, 0x00, 0x00},//F
{0xC0, 0x30, 0x08, 0x08, 0x08, 0x38, 0x00, 0x00, 0x07, 0x18, 0x20, 0x20, 0x22, 0x1E, 0x02, 0x00},//G
{0x08, 0xF8, 0x08, 0x00, 0x00, 0x08, 0xF8, 0x08, 0x20, 0x3F, 0x21, 0x01, 0x01, 0x21, 0x3F, 0x20},//H
{0x00, 0x08, 0x08, 0xF8, 0x08, 0x08, 0x00, 0x00, 0x00, 0x20, 0x20, 0x3F, 0x20, 0x20, 0x00, 0x00},//I
{0x00, 0x00, 0x08, 0x08, 0xF8, 0x08, 0x08, 0x00, 0xC0, 0x80, 0x80, 0x80, 0x7F, 0x00, 0x00, 0x00},//J
{0x08, 0xF8, 0x88, 0xC0, 0x28, 0x18, 0x08, 0x00, 0x20, 0x3F, 0x20, 0x01, 0x26, 0x38, 0x20, 0x00},//K
{0x08, 0xF8, 0x08, 0x00, 0x00, 0x00, 0x00, 0x00, 0x20, 0x3F, 0x20, 0x20, 0x20, 0x20, 0x30, 0x00},//L
{0x08, 0xF8, 0xF8, 0x00, 0xF8, 0xF8, 0x08, 0x00, 0x20, 0x3F, 0x00, 0x3F, 0x00, 0x3F, 0x20, 0x00},//M
{0x08, 0xF8, 0x30, 0xC0, 0x00, 0x08, 0xF8, 0x08, 0x20, 0x3F, 0x20, 0x00, 0x07, 0x18, 0x3F, 0x00},//N
{0xE0, 0x10, 0x08, 0x08, 0x08, 0x10, 0xE0, 0x00, 0x0F, 0x10, 0x20, 0x20, 0x20, 0x10, 0x0F, 0x00},//O
{0x08, 0xF8, 0x08, 0x08, 0x08, 0x08, 0xF0, 0x00, 0x20, 0x3F, 0x21, 0x01, 0x01, 0x01, 0x00, 0x00},//P
{0xE0, 0x10, 0x08, 0x08, 0x08, 0x10, 0xE0, 0x00, 0x0F, 0x18, 0x24, 0x24, 0x38, 0x50, 0x4F, 0x00},//Q
{0x08, 0xF8, 0x88, 0x88, 0x88, 0x88, 0x70, 0x00, 0x20, 0x3F, 0x20, 0x00, 0x03, 0x0C, 0x30, 0x20},//R
{0x00, 0x70, 0x88, 0x08, 0x08, 0x08, 0x38, 0x00, 0x00, 0x38, 0x20, 0x21, 0x21, 0x22, 0x1C, 0x00},//S
{0x18, 0x08, 0x08, 0xF8, 0x08, 0x08, 0x18, 0x00, 0x00, 0x00, 0x20, 0x3F, 0x20, 0x00, 0x00, 0x00},//T
{0x08, 0xF8, 0x08, 0x00, 0x00, 0x08, 0xF8, 0x08, 0x00, 0x1F, 0x20, 0x20, 0x20, 0x20, 0x1F, 0x00},//U
{0x08, 0x78, 0x88, 0x00, 0x00, 0xC8, 0x38, 0x08, 0x00, 0x00, 0x07, 0x38, 0x0E, 0x01, 0x00, 0x00},//V
```

```
    {0xF8,0x08,0x00,0xF8,0x00,0x08,0xF8,0x00,0x03,0x3C,0x07,0x00,0x07,0x3C,0x03,
0x00},//W
    {0x08,0x18,0x68,0x80,0x80,0x68,0x18,0x08,0x20,0x30,0x2C,0x03,0x03,0x2C,0x30,
0x20},//X
    {0x08,0x38,0xC8,0x00,0xC8,0x38,0x08,0x00,0x00,0x00,0x20,0x3F,0x20,0x00,0x00,
0x00},//Y
    {0x10,0x08,0x08,0x08,0xC8,0x38,0x08,0x00,0x20,0x38,0x26,0x21,0x20,0x20,0x18,
0x00},//Z
    {0x00,0x00,0x00,0xFE,0x02,0x02,0x02,0x00,0x00,0x00,0x00,0x7F,0x40,0x40,0x40,
0x00},//[
    {0x00,0x0C,0x30,0xC0,0x00,0x00,0x00,0x00,0x00,0x00,0x00,0x01,0x06,0x38,0xC0,
0x00},//\
{0x00,0x02,0x02,0x02,0xFE,0x00,0x00,0x00,0x00,0x40,0x40,0x40,0x7F,0x00,0x00,
0x00},//]
{0x00,0x00,0x04,0x02,0x02,0x02,0x04,0x00,0x00,0x00,0x00,0x00,0x00,0x00,0x00,
0x00},//^
{0x00,0x00,0x00,0x00,0x00,0x00,0x00,0x00,0x80,0x80,0x80,0x80,0x80,0x80,0x80,
0x80},//_
{0x00,0x02,0x02,0x04,0x00,0x00,0x00,0x00,0x00,0x00,0x00,0x00,0x00,0x00,0x00,
0x00},//`
{0x00,0x00,0x80,0x80,0x80,0x80,0x00,0x00,0x00,0x19,0x24,0x22,0x22,0x22,0x3F,
0x20},//a
{0x08,0xF8,0x00,0x80,0x80,0x00,0x00,0x00,0x00,0x3F,0x11,0x20,0x20,0x11,0x0E,
0x00},//b
{0x00,0x00,0x00,0x80,0x80,0x80,0x00,0x00,0x00,0x0E,0x11,0x20,0x20,0x20,0x11,
0x00},//c
{0x00,0x00,0x00,0x80,0x80,0x88,0xF8,0x00,0x00,0x0E,0x11,0x20,0x20,0x10,0x3F,
0x20},//d
{0x00,0x00,0x80,0x80,0x80,0x80,0x00,0x00,0x00,0x1F,0x22,0x22,0x22,0x22,0x13,
0x00},//e
{0x00,0x80,0x80,0xF0,0x88,0x88,0x88,0x18,0x00,0x20,0x20,0x3F,0x20,0x20,0x00,
0x00},//f
{0x00,0x00,0x80,0x80,0x80,0x80,0x80,0x00,0x00,0x6B,0x94,0x94,0x94,0x93,0x60,
0x00},//g
{0x08,0xF8,0x00,0x80,0x80,0x80,0x00,0x00,0x20,0x3F,0x21,0x00,0x00,0x20,0x3F,
0x20},//h
{0x00,0x80,0x98,0x98,0x00,0x00,0x00,0x00,0x00,0x20,0x20,0x3F,0x20,0x20,0x00,
0x00},//i
{0x00,0x00,0x00,0x80,0x98,0x98,0x00,0x00,0x00,0xC0,0x80,0x80,0x80,0x7F,0x00,
0x00},//j
{0x08,0xF8,0x00,0x00,0x80,0x80,0x80,0x00,0x20,0x3F,0x24,0x02,0x2D,0x30,0x20,
0x00},//k
{0x00,0x08,0x08,0xF8,0x00,0x00,0x00,0x00,0x00,0x20,0x20,0x3F,0x20,0x20,0x00,
0x00},//l
{0x80,0x80,0x80,0x80,0x80,0x80,0x80,0x00,0x20,0x3F,0x20,0x00,0x3F,0x20,0x00,
0x3F},//m
{0x80,0x80,0x00,0x80,0x80,0x80,0x00,0x00,0x20,0x3F,0x21,0x00,0x00,0x20,0x3F,
0x20},//n
{0x00,0x00,0x80,0x80,0x80,0x80,0x00,0x00,0x00,0x1F,0x20,0x20,0x20,0x20,0x1F,
0x00},//o
{0x80,0x80,0x00,0x80,0x80,0x00,0x00,0x00,0x80,0xFF,0xA1,0x20,0x20,0x11,0x0E,
0x00},//p
{0x00,0x00,0x00,0x80,0x80,0x80,0x80,0x00,0x00,0x0E,0x11,0x20,0x20,0xA0,0xFF,
0x80},//q
```

```
{0x80,0x80,0x80,0x00,0x80,0x80,0x80,0x00,0x20,0x20,0x3F,0x21,0x20,0x00,0x01,
0x00},//r
{0x00,0x00,0x80,0x80,0x80,0x80,0x80,0x00,0x00,0x33,0x24,0x24,0x24,0x24,0x19,
0x00},//s
{0x00,0x80,0x80,0xE0,0x80,0x80,0x00,0x00,0x00,0x00,0x00,0x1F,0x20,0x20,0x00,
0x00},//t
{0x80,0x80,0x00,0x00,0x00,0x80,0x80,0x00,0x00,0x1F,0x20,0x20,0x20,0x10,0x3F,
0x20},//u
{0x80,0x80,0x80,0x00,0x00,0x80,0x80,0x80,0x00,0x01,0x0E,0x30,0x08,0x06,0x01,
0x00},//v
{0x80,0x80,0x00,0x80,0x00,0x80,0x80,0x80,0x0F,0x30,0x0C,0x03,0x0C,0x30,0x0F,
0x00},//w
{0x00,0x80,0x80,0x00,0x80,0x80,0x80,0x00,0x00,0x20,0x31,0x2E,0x0E,0x31,0x20,
0x00},//x
{0x80,0x80,0x80,0x00,0x00,0x80,0x80,0x80,0x81,0x8E,0x70,0x18,0x06,0x01,
0x00},//y
{0x00,0x80,0x80,0x80,0x80,0x80,0x00,0x00,0x00,0x21,0x30,0x2C,0x22,0x21,0x30,
0x00},//z
{0x00,0x00,0x00,0x00,0x80,0x7C,0x02,0x02,0x00,0x00,0x00,0x00,0x00,0x3F,0x40,
0x40},//{
{0x00,0x00,0x00,0x00,0xFF,0x00,0x00,0x00,0x00,0x00,0x00,0xFF,0x00,0x00,
0x00},//|
{0x00,0x02,0x02,0x7C,0x80,0x00,0x00,0x00,0x40,0x40,0x3F,0x00,0x00,0x00,
0x00},//}
{0x00,0x06,0x01,0x01,0x02,0x02,0x04,0x04,0x00,0x00,0x00,0x00,0x00,0x00,
0x00},//~
};
```

3. 基于 Proteus 虚拟仿真

（1）使用 Proteus 软件绘制如图 7-36 所示的仿真电路，存入"E:\Users\chen\Desktop\STM32\7.4\新工程.pdsprj"中。

（2）双击 STM32F103R6 芯片，在 Program File 中选择 STM32 工程生成的 hex 文件。

（3）在原理图绘制窗口单击"播放"按钮，启动仿真电路。

拓展阅读

国产 OLED 的崛起：从追赶者到领跑者

在科技日新月异的今天，显示技术作为智能终端设备的重要组成部分，其发展速度之快令人瞩目。近年来，OLED（有机发光二极管）技术以其独特的优势逐渐在智能手机显示屏市场中占据主导地位，而在这股浪潮中，中国显示屏产业以其惊人的增长速度，成功超越了长期霸主的韩国，成为全球智能手机 OLED 显示屏市场的领头羊。这一转变不仅标志着中国显示技术的巨大飞跃，也预示着全球显示产业格局的新一轮重构。

回顾过去，韩国显示屏制造商，特别是三星显示和 LG 显示，在显示技术领域长期处于领先地位。然而，自 2021 年在 LCD（液晶显示器）市场失去榜首位置后，韩国制造商开始将重心转向 OLED 显示屏市场，试图巩固其在高端显示领域的优势。然而，就在这一关键时刻，中国显示屏产业凭借技术突破和市场需求的双重驱动，实现了对韩国制造商的超越。

中国显示屏产业的崛起并非一蹴而就，而是经过了多年的技术积累和市场需求的培育。

在技术方面,中国厂商不断加大研发投入,提升产品良率和生产效率,逐步缩小了与韩国制造商的差距。同时,国内智能手机制造商如小米、OPPO和vivo等,对国产OLED显示屏的强劲需求,为中国显示屏产业提供了广阔的发展空间。

(资料来源:国产OLED的崛起:从追赶者到领跑者[EB/OL].(2024-07-30)[2024-12-10]. https://baijiahao.baidu.com/s?id=1806015050742361995&wfr=spider&for=pc.)

练 习 题

一、填空题

1. 按照数据传输方向,串行通信可以分为_____、_____和_____3种方式。
2. STM32单片机的PA9、PA10引脚分别复用为USART1串口的_____和_____引脚。
3. HAL_UART_Receive()的功能是_____,HAL_UART_Transmit()的功能是_____。
4. 读取RTC的日期和时间可以采用_____格式或_____格式。
5. IIC总线的通信方式属于_____通信。(选择"同步""异步")
6. OLED12864液晶显示屏的分辨率是_____。

二、简答题

1. 并行通信和串行通信各有什么优缺点?
2. 按照串行数据的时钟控制方式,串行通信可以分为哪两类?
3. IIC总线通信时如何连线?IIC总线属于哪一种串行通信方式?

三、实训题

如图7-9所示,通过USART1将计算机与STM32单片机相连,在计算机中使用串口助手发送一个汉字,单片机收到该汉字后通过USART1发回串口助手。例如,串口助手发送汉字"汕",单片机返回汉字"汕"。要求使用Proteus软件进行虚拟仿真。其中,串口组件P1使用COMPIM。

第 8 章

数模转换设计与实现

数模转换器是一种将数字信号转换为模拟信号(以电流、电压形式)的设备。在很多数字系统中(例如计算机),信号以数字方式存储和传输,通过数模转换器转换为模拟信号,从而被外界(人或其他非数字系统)识别。

知识目标
(1) 了解 SPI 总线的工作原理。
(2) 了解 DAC 芯片的内部结构和工作原理。

技能目标
掌握控制 DAC 芯片 MCP4921 输出电压的方法,并能编写相应的 STM32 程序。

素养目标
(1) 强调科学严谨的学习态度,要求学生在理解 DAC 原理、设计电路及进行实验时,遵循科学规律,注重数据准确性和实验的可重复性。
(2) 通过课程设计、实验实训等环节,加强学生的动手能力和实践操作能力,使学生能够将理论知识应用于实际问题的解决中。

8.1 SPI 总线和 DAC 芯片简介

8.1.1 SPI 总线简介

SPI(serial peripheral interface,串行外设接口)是美国 Motorola 公司推出的一种同步串行通信接口,用于微处理器与外围芯片之间的串行连接。SPI 目前已成为一种工业标准,世界各大半导体公司均推出带有 SPI 接口的微处理器与外围器件。

SPI 采用主从式通信模式,通常为一主多从结构,通信时钟由主机控制,在时钟信号的作用下,数据先传送高位,再传送低位。在单片机控制系统中,主机通常是 STM32 单片机,从机通常是 DAC 或温度传感器 TC72。SPI 作为 STM32 单片机的一种内置外设。

SPI 通信至少需要以下 4 根线。
(1) SCLK,时钟线,用于提供通信所需的时钟基准信号。
(2) MOSI,主出从入数据线,对于主机而言作为数据输出线,对于从机而言作为数据输入线。
(3) MISO,主入从出数据线,对于主机而言作为数据输入线,对于从机而言作为数据输出线。

(4) $\overline{\text{CS}}$,片选信号,低电平有效。

一主多从 SPI 总线硬件连接示意图如图 8-1 所示。

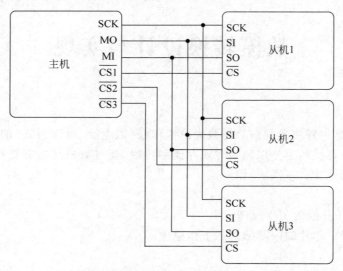

图 8-1　一主多从 SPI 总线硬件连接示意图

8.1.2　DAC 模块(MCP4921)简介

在单片机控制系统中,有时会涉及一些需要通过模拟量信号控制的执行器(如变频器、电动阀门等),这就需要用到数模转换器(digital to analog converter,DAC)。单片机将计算得到的数字信号通过 DAC 转换成模拟信号后控制执行器(如示波器)做出相应的动作,如图 8-2 所示。

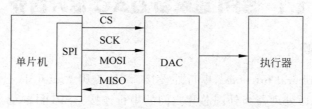

图 8-2　单片机控制系统处理信号的过程

STM32F103R6 单片机本身不带 DAC,本书使用独立的 DAC 芯片,其型号是 MCP4921,如图 8-3 所示。

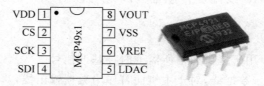

图 8-3　MCP4921 引脚排列及实物

MCP4921 是美国 Microchip 公司出品的串行 12 位 DAC 芯片,兼容 SPI 接口,最大通信频率20MHz,一次转换时间4.5μs,工作电压2.7～5.5V,能适应目前市面上主流的3.3V 和5.0V工作电压的单片机。MCP4921引脚的功能如表8-1所示。

表8-1　MCP4921引脚的功能

引脚序号	名称	功　　能	引脚序号	名称	功　　能
1	VDD	电源正极	5	$\overline{\text{LDAC}}$	同步输入控制
2	$\overline{\text{CS}}$	片选信号线(低电平有效)	6	VREF	参考电压端
3	SCK	时钟输入线	7	VSS	电源负极
4	SDI	数据输入线	8	VOUT	模拟量电压输出正极

MCP4921只有数据输入,没有数据输出,单片机将欲发送的每个数据转化为12位二进制数,连同4位配置信息(通常为0111)共16位通过MOSI线发送给DAC芯片的SDI引脚,每次只传送一位,先传高位,再传低位。MCP4921通信数据格式如表8-2所示。

表8-2　MCP4921通信数据格式

配　置　位				数　据　位											
$\overline{\text{A}}$/B	BUF	$\overline{\text{GA}}$	$\overline{\text{SHDN}}$	B11	B10	B9	B8	B7	B6	B5	B4	B3	B2	B1	B0

每一个配置位的含义如下。

- $\overline{\text{A}}$/B 位:该位只能选0,因为MCP49××系列DAC中有些型号具有两个DAC通道,通过0或1选择通道A或B,但MCP4921仅有A通道。
- BUF位:VREF输入缓冲器控制位,设1时缓冲,设0时未缓冲。
- $\overline{\text{GA}}$ 位:输出增益选择位,设1时无增益,设0时两倍增益。
- $\overline{\text{SHDN}}$ 位:待机模式设置位,设1时不进入待机模式,设0时进入待机模式。

8.2　DAC数模转换实例

任务目标

使用STM32F103R6单片机控制DAC芯片MCP4921以1s周期输出正弦波,正弦波波动范围0～3.3V,如图8-4所示。使用Proteus软件进行虚拟仿真。其中,DAC芯片使用MCP4921,示波器使用OSCILLOSCOPE,电容器C1使用CAP。

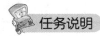

任务说明

(1) MCP4921是一个12位DAC,因此输入数字量的范围是0～4095,输出模拟量电压范围为0～VREF,即无法输出负电压。为了输出完整的正弦曲线,不妨将正弦波曲线沿纵轴(电压)正向移动,确保波谷也位于横轴(时间)上方。

(2) 将 $U=2048, \omega=\dfrac{2\pi}{T}=\dfrac{2\pi}{1}=2\pi$ 代入正弦交流电压公式 $u=U\sin\omega t$,并确保 u 为正值,得 $u=2048\times\sin 2\pi t+2048$。

(3) 为了提高单片机CPU的执行效率,此处使用查表法,在1s内,每隔0.02s计算一次采样值,可以利用Excel进行计算,正弦曲线采样值如表8-3所示。

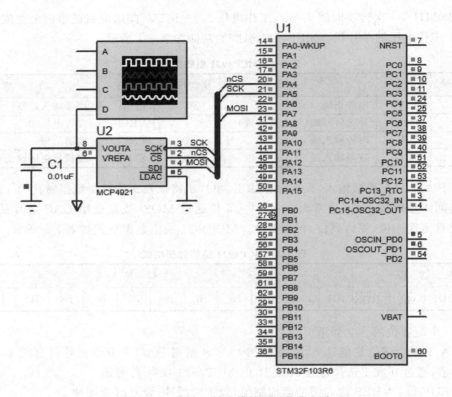

图 8-4 MCP4921 输出模拟电压仿真电路

表 8-3 正弦曲线采样值

t	u	t	u	t	u	t	u	t	u
0	2048	0.20	3996	0.40	3252	0.60	844	0.80	100
0.02	2305	0.22	4060	0.42	3035	0.62	646	0.82	195
0.04	2557	0.24	4092	0.44	2802	0.64	470	0.84	319
0.06	2802	0.26	4092	0.46	2557	0.66	319	0.86	470
0.08	3035	0.28	4060	0.48	2305	0.68	195	0.88	646
0.10	3252	0.30	3996	0.50	2048	0.70	100	0.90	844
0.12	3450	0.32	3901	0.52	1791	0.72	36	0.92	1061
0.14	3626	0.34	3777	0.54	1539	0.74	4	0.94	1294
0.16	3777	0.36	3626	0.56	1294	0.76	4	0.96	1539
0.18	3901	0.38	3450	0.58	1061	0.78	36	0.98	1791

 任务实现

1. 使用 STM32CubeMX 新建 STM32 工程

（1）双击 STM32CubeMX 图标，在主界面中选择 File→New Project 菜单命令，在 Commercial Part Number 右边的下拉框中输入 STM32F103R6。

（2）单击 Pinout & Configuration 选项卡，将 PA4、PA5、PA7 引脚设置成 GPIO_Output 模式。在 PCI 应用中，很多工程师将 PA4 定义为 vnCS_Pin，PA5 定义为 vSCK_

Pin,PA7 定义为 vMOSI_Pin,为便于使用现有 PCI 应用,此处不再将 PA4、PA5、PA7 的工作模式定义为 SPI1_NSS、SPI1_SCK、SPI1_MOSI。

(3) 单击 Project Manager 选项卡。在 Project Name 中输入 Code;Project Location 设置为"E:\Users\chen\Desktop\STM32\8.2\";在 Toolchain/IDE 中选择 MDK-ARM。

2. 在 Keil MDK 中配置 STM32 工程,并编程

(1) 在目录树中创建 vSPI.h 文件,然后将 vSPI.h 从目录树中移走。

在 Code 工程的目录树中,右击 Application/User/Core 分组,选择 Add New Item to Group 'Application/User/Core'命令,在弹出的对话框中选择 Header File(.h),然后在 Name 的文本框中输入 vSPI.h,在 Location 中选择"E:\Users\chen\Desktop\STM32\8.2\Code\Core\Inc",如图 8-5 所示。右击目录树的 vSPI.h,选择 Remove File 'vSPI.h'命令,将 vSPI.h 文件从目录树中移走。

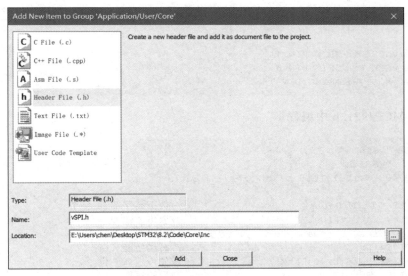

图 8-5 创建 vSPI.h 文件

(2) 同理,在 8.2\Code\Core\Inc 中创建 MCP4921.h 文件,然后将 MCP4921.h 文件从目录树中移走。

(3) 在 main.c 中编程。

```
#include "main.h"
#include "vSPI.h"
#include "MCP4921.h"
void SystemClock_Config(void);
static void MX_GPIO_Init(void);
static uint16_t tD[50]=
{2048,2305,2557,2802,3035,3252,3450,3626,3777,3901,3996,4060,4092,4092,4060,
3996,3901,
3777,3626,3450,3252,3035,2802,2557,2305,2048,1791,1539,1294,1061,844,646,470,
319,195,
100,36,4,4,36,100,195,319,470,646,844,1061,1294,1539,1791};
```

```
int main(void)
{
  int i;
  HAL_Init();
  SystemClock_Config();
  MX_GPIO_Init();
  while (1)
  {
    for(i=0;i<50;i++)
      {
          MCP4921Write(0x70,tD[i]);
          HAL_Delay(20);
      }
  }
}
```

(4) 在 main.h 中加入了 3 个宏定义。

```
#define vnCS_Pin GPIO_PIN_4
#define vSCK_Pin GPIO_PIN_5
#define vMOSI_Pin GPIO_PIN_7
```

(5) 在 MCP4921.h 中编程。

```
#include "main.h"
#include "vSPI.h"
void MCP4921Write(uint8_t Cmd,uint16_t Dat)
{
    uint8_t DatM,DatL;                      //数据高字节、低字节
    DatL=(uint8_t)(Dat & 0x00ff);           //取出 Dat 低 8 位
    DatM=(uint8_t)((Dat>>8) & 0x00ff);      //取出 Dat 高 4 位
    vSPI_En();                              //总线使能
    vSPI_SndByte(0x70|DatM);                //先传送高 8 位
    vSPI_SndByte(DatL);                     //后传送低 8 位
    vSPI_Dis();                             //总线禁止
}
```

注意：

① STM32 将欲发送的每个数据转化为 12 位二进制数，连同 4 位配置信息$(0111)_2$合成 16 位。

② STM32 控制片选信号线 CS 输出低电平，使能 SPI 总线。

③ STM32 通过 MOSI 线将 16 位数据发送给 DAC，每次只传送一位，先传高位，再传低位。

④ STM32 控制片选信号线 CS 输出高电平，禁止 SPI 总线。

(6) 在 vSPI.h 编程。

```
#include "main.h"
#ifndef INC_VSPI_H_
#define INC_VSPI_H_
//延时函数
```

```
void delay_us(uint16_t n)
{
    uint16_t i=n*8;  //8MHz,对应1/8μs
    while(i--);
}
//SPI 总线使能
void vSPI_En()
{
    HAL_GPIO_WritePin(GPIOA, vnCS_Pin, GPIO_PIN_RESET);        //片选信号线
    HAL_GPIO_WritePin(GPIOA, vSCK_Pin, GPIO_PIN_RESET);        //时钟输入线
    delay_us(4);
}
//SPI 总线禁止
void vSPI_Dis()
{
    HAL_GPIO_WritePin(GPIOA, vSCK_Pin, GPIO_PIN_SET);
    HAL_GPIO_WritePin(GPIOA, vnCS_Pin, GPIO_PIN_SET);
}
//SPI 主站发送 1 字节
void vSPI_SndByte(uint8_t dat)
{
    uint8_t i;
    for(i=0;i<8;i++)
    {
        HAL_GPIO_WritePin(GPIOA, vSCK_Pin, GPIO_PIN_RESET);delay_us(4);
                              //时钟信号 SCK 为低电平:工作
        if(dat & 0x80) HAL_GPIO_WritePin(GPIOA, vMOSI_Pin, GPIO_PIN_SET);
        else HAL_GPIO_WritePin(GPIOA, vMOSI_Pin, GPIO_PIN_RESET);
        dat<<=1;                     //dat=dat<<1
        HAL_GPIO_WritePin(GPIOA, vSCK_Pin, GPIO_PIN_SET);delay_us(4);
                              //时钟信号 SCK 为高电平:空闲
    }
}
```

3. 基于 Proteus 虚拟仿真

(1) 使用 Proteus 软件绘制如图 8-4 所示的仿真电路,存入"E:\Users\chen\Desktop\STM32\8.2\新工程.pdsprj"中。

(2) 双击 STM32F103R6 芯片,在 Program File 中选择 STM32 工程生成的 hex 文件。

(3) 在原理图绘制窗口单击"播放"按钮,启动仿真电路。

若未显示示波器,选中"调试/Digital Oscillosope",则显示示波器如图 8-6 所示。

✎ 注意:

① 在示波器波形曲线中,横轴表示时间,每一小格的长度由 Horizontal 下方的旋转按钮旋转值确定,如图中"0.2"表示每一小格为 0.2s,波形曲线的周期为 1s。

② 纵轴表示电压值,每一小格的长度由相应频道下方的旋转按钮旋转值确定,如 Channel D 中"0.5"表示每一小格为 0.5V,波形曲线的电压幅值稍大于 3V。

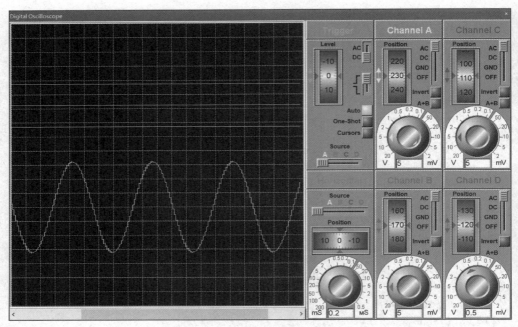

图 8-6 在示波器显示模拟电压

超高速 ADC/DAC 芯片的诞生

长期以来,超高速 ADC/DAC 技术一直是电子信息领域的核心技术之一,广泛应用于通信、雷达、航空航天、大数据处理等多个关键领域。然而,这一领域的技术制高点长期被美国、日本等发达国家所把持,我国在这一领域的发展面临着严峻的挑战。

近日,中国科学院微电子所微波器件与集成电路研究室成功研发出 30GS/s 6bit 超高速 ADC 和 DAC 芯片,以及 8GS/s 4bit ADC 和 10GS/s 8bit DAC 芯片,这些成果标志着我国在超高速 ADC/DAC 技术方面取得了重大进展。其中,30GS/s 6bit ADC 芯片以其超高的采样率和出色的性能表现尤为引人注目。该芯片采用 4 路交织技术和自主创新的折叠内插架构,芯片面积仅为 3.9mm×3.3mm,集成了 3 项误差校准电路,能够在 30GS/s 采样率下实现全速率输出,每秒可产生 300 亿次模数转换,总功耗仅为 8W。其−3dB 带宽达到 18GHz,低频有效位达到 5bit,高频有效位大于 3.5bit,无杂散动态范围(SFDR)大于 35dBc,这些性能指标均达到了国际先进水平。

同时,微电子所研发的 8GS/s 4bit ADC 和 10GS/s 8bit DAC 芯片也展现了卓越的性能。ADC 芯片采用带插值平均的 Flash 结构,集成了约 1250 只晶体管,能够在 8GHz 时钟频率下稳定工作,最高采样频率可达 9GHz。DAC 芯片则采用基于 R-2R 的电流开关结构,集成了 10Gb/s 自测试码流发生电路,共包含 1045 只晶体管,能够在 10GHz 时钟频率下正常工作。这些芯片的研制成功,不仅提升了国内单片高速 ADC 和 DAC 电路的最高采样频率,也为后续更高性能 ADC/DAC 电路的研发奠定了坚实的基础。

(资料来源:微电子所突破超高速 ADC/DAC 技术:打破西方垄断,引领科技新篇章[EB/OL].(2024-07-21)[2024-12-09]. https://www.21ic.com/a/971800.html.)

练 习 题

一、填空题

1. SPI 是美国 Motorola 公司推出的一种_____步串行通信接口。
2. SPI 采用主从式通信模式,通常为_____结构。
3. 单片机将欲发送的每个数据转化为_____位二进制数,连同_____位配置信息共 16 位通过_____线发送给_____芯片。
4. MCP4921 是一个 12 位 DAC,因此输入数字量的范围是_____。

二、简答题

1. 使用 STM32 单片机控制 DAC 芯片 MCP4921 以 1s 周期输出正弦交流电压 u,假设初相位为 0,u 总是正值,请求出正弦交流电压的瞬时表达式。
2. 分析图 8-6 波形曲线的周期和电压幅值。

第 9 章 综合实训

本章首先介绍 STM32 单片机的两种常见实物显示终端,然后介绍两个实训:PWM 控制直流电动机、STM32 单片机超声波测距,这两个实训除了使用 STM32 核心板外,还使用 2 个以上的扩展模块。

知识目标

(1) 熟悉 LCD12864 显示模块自带字库,掌握在 LCD12864 显示模块中显示字符的方法。

(2) 熟悉 3.5 英寸 TFT 液晶屏(thin film transistor liquid crystal display)模块不带字库以及自建字库的方法,掌握在 3.5 英寸 TFT 液晶屏模块中显示字符的方法。

(3) 掌握通过调节 PWM 的占空比控制直流电动机转速的原理。

(4) 掌握超声波测距的原理。

技能目标

(1) 能编写程序:在 LCD12864 显示模块中显示字符。

(2) 能编写程序:在 3.5 英寸 TFT 液晶屏模块中显示字符。

(3) 能编写程序:基于 PWM 控制直流电动机的转速。

(4) 能编写程序:使用超声波传感器测试发射源到障碍物的距离。

素养目标

(1) 通过学习 PWM 控制技术,培养学生对科技创新的兴趣和热情,鼓励他们探索新技术,解决实际问题。

(2) 通过讨论技术应用的社会影响,如超声波测距在智能交通、医疗设备等领域的应用,增强学生的社会责任感和使命感。

(3) 通过综合实训,加强学生的动手能力和实践操作能力,使学生能够将理论知识应用于实际问题的解决中。

9.1 显示终端工作原理

在 STM32 单片机中,显示终端模块分为自带字库和不带字库两种,如 Proteus 虚拟平台中的 Virtual Terminal 自带字库,OLED12864I2C 不带字库;实物中的 LCD12864 显示模块自带字库,3.5 英寸 TFT 液晶屏模块不带字库。下面研究这两种实物显示终端的工作原理。

9.1.1 LCD12864 显示模块

1. 基础知识

1) LCD12864 模块引脚

LCD12864 显示模块自带字库，用户无须自建字库。LCD12864 显示模块上有 128×64 个显示像素点。由于 LCD12864 上的像素点数量较多不适合单个去控制，所以需要通过 LCD12864 显示模块上的集成控制芯片间接完成对 LCD12864 显示模块的显示功能。

控制 LCD12864 需要使用 5 位控制线：RS、RW、E、PSB、RST，8 位并行数据总线：DB0～DB7，通过控制这 13 个端口对 LCD12864 显示模块上的集成控制芯片发送指令。通过集成控制芯片对 LCD12864 的绘图，最终达到用户需要的显示效果，如图 9-1 所示。

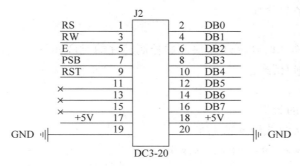

图 9-1　LCD12864 显示模块上的 J2 接口

若使用 20 针排线将 LCD12864 显示模块的 J2 接口与 STM32 核心板的 PE 接口相连接，则 J2 接口的引脚名称、取值以及与 STM32 芯片引脚的对应关系如表 9-1 所示。

表 9-1　J2 接口与 STM32 芯片的引脚对应关系

J2 接口引脚	中 文 名 称	取　　值	PE 接口引脚
RS	指令和数据选择端	当 RS 取 1 表示选数据，取 0 表示选指令	PE0
RW	读写控制端	当 RW 取 1 表示可读，取 0 表示可写	PE1
E	使能端	E 由 1 变 0(下降沿)时，表示将 8 位数据或指令写入控制芯片中	PE2
PSB	串口驱动模式的控制端口	—	PE3
RST	复位端	当 RST 取 0 表示复位	PE4
DB0～DB7	8 位指令或数据	—	PE8～PE15

通过 RS 和 RW 可以选择 4 种读/写模式，如表 9-2 所示。

表 9-2　LCD12864 的 4 种读/写模式

RS	RW	功　能　描　述
0	0	MCU 写指令到指令寄存器中
0	1	MCU 从指令寄存器中读取指令
1	0	MCU 写数据到数据寄存器中
1	1	MCU 从数据寄存器中读取数据

2）写指令时序

MCU 将指令写入 LCD12864 模块上的控制芯片的时序如下。

（1）选择"写指令"模式。

RS=0,RW=0。

（2）准备欲写入的指令。

① 向 DB0～DB7 总线输入低电平。

② 将 8 位指令写入 DB0～DB7 总线中。

③ 延时等待。

（3）控制 E 端口产生下降沿信号写入指令。

① 向 E 端口输入高电平。

② 向 E 端口输入低电平。

3）写数据时序

MCU 将数据写入 LCD12864 模块上的控制芯片的时序如下。

（1）选择"写数据"模式。

RS=1,RW=0。

（2）准备欲写入的数据。

① 向 DB0～DB7 总线输入低电平。

② 将 8 位数据写入 DB0～DB7 总线中。

③ 延时等待。

（3）控制 E 端口产生下降沿信号写入数据。

① 向 E 端口输入高电平。

② 向 E 端口输入低电平。

4）LCD12864 的控制协议

为了使指令和数据有效写入 LCD12864 模块上的控制芯片中，需要熟悉 LCD12864 的控制协议，本书只使用基本指令表，如表 9-3 所示。

表 9-3　LCD12864 基础指令表

指令	指令码									功能
	RS	R/W	D7	D6	D5	D4	D3	D2	D1	D0	
清除显示	0	0	0	0	0	0	0	0	0	1	将 DDRAM 填满 20H,并且设定 DDRAM 的地址计数器(AD)到 00H
地址归位	0	0	0	0	0	0	0	0	1	X	设定 DDRAM 的地址计数器(AC)到 00H 并将游标移到开头原点位置 指令不改变 DDRAM 的内容
显示状态	0	0	0	0	0	0	1	D	C	B	D=1：整理显示 ON C=1：游标 ON B=1：游标位置反白允许

续表

指令	指令码									功能
	RS	R/W	D7	D6	D5	D4	D3	D2	D1	D0	
进入点设定	0	0	0	0	0	0	0	1	I/D	S	指定在数据的读取与写入时,设定游标的移动方向及置顶显示的移位
游标移动/显示控制位	0	0	0	0	0	1	S/C	R/L	X	X	设定游标的移动与显示的移动控制位 指令不改变 DDRAM 的内容
功能设定	0	0	0	0	1	DL	X	RE	X	X	DL=0/1:4/8 位数据 RE=1:扩充指令操作 RE=0:基本指令操作
CGRAM 地址	0	0	0	1	AC5	AC4	AC3	AC2	AC1	AC0	设定 CGRAM 地址
DDRAM 地址	0	0	1	0	AC5	AC4	AC3	AC2	AC1	AC0	设定 DDRAM 地址(显示位址) 第1行:80H~87H 第2行:90H~97H 第3行:88H~8fH 第4行:98H~9fH
读忙标志和地址计数器	0	1	BF	AC6	AC5	AC4	AC3	AC2	AC1	AC0	读取忙标志(BF)可以确认内部动作是否完成,同时可以读出地址计数器(AC)的值
写数据到 RAM	1	0	写入数据								将数据 D7~D0 写入内部 RAM(DDRAM/CGRAM/IRAM/GRAM)
读出 RAM 的值	1	1	读取数据								从内部 RAM 读取数据到 D7~D0(DDRAM/CGRAM/IRAM/GRAM)

使用 LCD12864 模块前需要进行初始化,需要设置以下 9 个步骤。

(1) 向 5 个控制线 RS、RW、E、PSB、RST 输入高电平。
(2) 向 RST 端输入低电平,使 LCD12864 控制芯片复位。
(3) 向 RST 端输入高电平。
(4) 设置输入类型为 8 位数据格式。
(5) 开启整体显示,关闭游标显示。
(6) 关闭游标移动和显示控制位。
(7) 设置显示后的自动移位方向。
(8) 清屏。
(9) 延时 1ms。

根据表 9-3,可以得到步骤(4)~(8)的 8 位指令码,如表 9-4 所示。

表 9-4 8 位指令码及设置依据

步　　骤	8 位指令码	设　置　依　据
(4)	0x30	参考"功能设定"
(5)	0x0c	参考"显示状态"
(6)	0x10	参考"游标移动/显示控制位"
(7)	0x06	参考"进入点设定"
(8)	0x01	参考"清除显示"

5）在 LCD12864 液晶屏显示字符

LCD12864 液晶屏包含 128×64 个像素点，被分割成 4 行，每行 8 个地址。每个地址容纳 16×16 个像素点，正好显示一个汉字或两个西文字符。LCD12864 液晶屏的地址对应表如表 9-5 所示。

表 9-5 LCD12864 液晶屏的地址对应表

LCD12864	第 1 列	第 2 列	第 3 列	第 4 列	第 5 列	第 6 列	第 7 列	第 8 列
第 1 行	0x80	0x81	0x82	0x83	0x84	0x85	0x86	0x87
第 2 行	0x90	0x91	0x92	0x93	0x94	0x95	0x96	0x97
第 3 行	0x88	0x89	0x8a	0x8b	0x8c	0x8d	0x8e	0x8f
第 4 行	0x98	0x99	0x9a	0x9b	0x9c	0x9d	0x9e	0x9f

当显示内容既有汉字又有西文字符时，需要特别注意，例如显示内容为"hello 汕头！"，显示是不正常的，原因是 hello 刚好占用 2.5 个汉字的位置。由于列地址是内部递增的，"汕"字的列地址不会在 3 开始，而是在 2.5 开始，这样汉字显示就会出现乱码。如果显示内容写成" hello 汕头！"，即在 h 前面打 1 个空格，这样空格＋"hello"刚好占用了 3 列，第 4 列从列地址 3 开始，"汕"字就可以正常显示。

2．应用举例

任务目标

在实验箱中，使用 20 针排线将核心板的 PE 接口与 LCD12864 显示模块的 J2 接口相连接。在 LCD12864 液晶显示模块显示 4 行文字，如图 9-2 所示。

图 9-2 测试界面

任务说明

LCD12864 显示模块需要使用 5 位控制线：RS、RW、E、PSB、RST，8 位并行数据总线：

DB0～DB7，通过控制这 13 个端口对 LCD12864 显示模块上的集成控制芯片发送指令，最终达到实验要求的显示效果，如表 9-6 所示。

表 9-6　核心板与 LCD12864 显示模块的引脚连接

STM32 核心板	LCD12864 显示模块	STM32 核心板	LCD12864 显示模块
PE0	RS	PE3	PSB
PE1	RW	PE4	RST
PE2	E	PE8～PE15	DB0～DB7

任务实现

1) 使用 STM32CubeMX 新建 STM32 工程

(1) 双击 STM32Cube MX 图标，在主界面中选择 File→New Project 菜单命令，在 Commercial Part Number 右边的下拉框中输入 STM32F103VCT6。

(2) 单击 Pinout & Configuration 选项卡，分别设置 PE0～PE4、PE8～PE15 的工作模式为 GPIO_Output。

(3) 单击 Project Manager 选项卡。在 Project Name 中输入 LCD12864；在 Project Location 中设置"E:\Users\chen\Desktop\STM32\9.1\"；在 Toolchain/IDE 中选择 MDK-ARM。

2) 在 Keil MDK 中配置 STM32 工程，并编程

(1) 在目录树中创建 lcd12864.c 文件(lcd12864 液晶屏驱动文件)。

在 LCD12864 工程的目录树中，右击 Application/User/Core 分组，选择 Add New Item to Group Application/User/Core 命令，在弹出的对话框中选择 C File(.c)，然后在 Name 的文本框中输入 lcd12864.c，在 Location 中选"E:\Users\chen\Desktop\STM32\9.1\LCD12864\Core\Src"。

(2) 在目录树中创建 lcd12864.h 文件，然后将 lcd12864.h 从目录树中移走。

在 LCD12864 工程的目录树中，右击 Application/User/Core 分组，在弹出的快捷菜单中，选择 Add New Item to Group Application/User/Core 命令，在弹出的对话框中选择 Header File(.h)，然后在 Name 的文本框中输入 lcd12864.h，在 Location 中选择"E:\Users\chen\Desktop\STM32\9.1\LCD12864\Core\Inc"。右击目录树的 lcd12864.h，在弹出的快捷菜单中，选择 Remove File 'lcd12864.h'命令，将 lcd12864.h 文件从目录树中移走。

(3) 在 main.c 中编程。

```
#include "main.h"
#include "lcd12864.h"
void SystemClock_Config(void);
static void MX_GPIO_Init(void);
int main(void)
{
  HAL_Init();
  SystemClock_Config();
  MX_GPIO_Init();
  LCD12864_Init();
```

```c
    LCD12864_Display_String(0,0,"汕头职业技术学院");
    LCD12864_Display_String(1,0,"LCD12864 液晶显示");
    LCD12864_Display_String(2,1,"实验测试界面");
    LCD12864_Display_String(3,0,"965761353@qq.com");
    while (1){    }
}
```

(4) 在 lcd12864.c 中编程。

```c
#include "lcd12864.h"
#include "main.h"
#include "stm32f1xx_hal.h"
//LCD12864 写指令函数(参数 com 为 8 位指令)
void LCD12864_CMD(uint8_t com)
{
    //1.选择"写指令"模式
    LCD12864_RS_CLR;                        //RS=0
    LCD12864_RW_CLR;                        //RW=0
    //2.准备欲写入的指令
    LCD12864_DATAOUT(com);                  //欲发送的指令
    HAL_Delay(1);
    //3.控制 E 端口产生下降沿信号写入指令
    LCD12864_EN_SET;
    LCD12864_EN_CLR;
}

//LCD12864 写数据函数(参数 dat 为 8 位数据)
void LCD12864_DAT(uint8_t dat)
{
    //1.选择"写数据"模式
    LCD12864_RS_SET;                        //RS=1
    LCD12864_RW_CLR;                        //RW=0
    //2.准备欲写入的数据
    LCD12864_DATAOUT(dat);                  //欲发送的数据
    HAL_Delay(1);
    //3.控制 E 端口产生下降沿信号写入数据
  LCD12864_EN_SET;
  LCD12864_EN_CLR;
}

//LCD12864 模块初始化函数
void LCD12864_Init(void)
{   HAL_GPIO_WritePin(GPIO_LCD12864_CMD,GPIO_PIN_0|GPIO_PIN_1|GPIO_PIN_2|GPIO_PIN_3|GPIO_PIN_4|DATA_PIN,GPIO_PIN_SET);
    HAL_Delay(50);                          //延时 50ms
    LCD12864_RST_CLR;                       //使 LCD12864 控制芯片复位
    LCD12864_RST_SET;                       //向 RST 端输入高电平
    LCD12864_CMD(0x30);                     //设置 8 位数据格式,基本指令操作
    LCD12864_CMD(0x0c);                     //开启整体显示,关闭游标显示
    LCD12864_CMD(0x10);                     //关闭游标移动与显示控制位
    LCD12864_CMD(0x06);                     //设置显示后的自动移位方向
    LCD12864_CMD(0x01);                     //清屏
    HAL_Delay(1);                           //延时 1ms
}
```

```c
//LCD12864显示函数(x表示行数,y表示列数,s表示要显示的字符串)
void LCD12864_Display_String(uint8_t x,uint8_t y,char *s)
{
    switch(x)                       //选择显示的位置
    {
        case 0:  LCD12864_CMD(0x80+y);
                 break;
        case 1:LCD12864_CMD(0x90+y);
                 break;
        case 2:LCD12864_CMD(0x88+y);
                 break;
        case 3: LCD12864_CMD(0x98+y);
                 break;
    }
    while(*s!='\0')                 //连续写入数据,直到数据为空
    {
        LCD12864_DAT(*s);   //写数据
        s++;
    }
}
```

(5) 在 lcd12864.h 中编程。

```c
#ifndef __LCD12864_H_
#define __LCD12864_H_
#include "stm32f1xx_hal.h"
//根据需要修改 GPIO 组
#define GPIO_LCD12864_CMD    GPIOE
#define DATA_PIN    GPIO_PIN_8 | GPIO_PIN_9 | GPIO_PIN_10 | GPIO_PIN_11 | GPIO_PIN_12 | GPIO_PIN_13 | GPIO_PIN_14 | GPIO_PIN_15
#define LCD12864_RS_SET       HAL_GPIO_WritePin(GPIO_LCD12864_CMD, GPIO_PIN_0, GPIO_PIN_SET)
#define LCD12864_RW_SET       HAL_GPIO_WritePin(GPIO_LCD12864_CMD, GPIO_PIN_1, GPIO_PIN_SET)
#define LCD12864_EN_SET       HAL_GPIO_WritePin(GPIO_LCD12864_CMD, GPIO_PIN_2, GPIO_PIN_SET)
#define LCD12864_PSB_SET      HAL_GPIO_WritePin(GPIO_LCD12864_CMD, GPIO_PIN_3, GPIO_PIN_SET)
#define LCD12864_RST_SET      HAL_GPIO_WritePin(GPIO_LCD12864_CMD, GPIO_PIN_4, GPIO_PIN_SET)
#define LCD12864_RS_CLR       HAL_GPIO_WritePin(GPIO_LCD12864_CMD, GPIO_PIN_0, GPIO_PIN_RESET)
#define LCD12864_RW_CLR       HAL_GPIO_WritePin(GPIO_LCD12864_CMD, GPIO_PIN_1, GPIO_PIN_RESET)
#define LCD12864_EN_CLR       HAL_GPIO_WritePin(GPIO_LCD12864_CMD, GPIO_PIN_2, GPIO_PIN_RESET)
#define LCD12864_PSB_CLR      HAL_GPIO_WritePin(GPIO_LCD12864_CMD, GPIO_PIN_3, GPIO_PIN_RESET)
#define LCD12864_RST_CLR      HAL_GPIO_WritePin(GPIO_LCD12864_CMD, GPIO_PIN_4, GPIO_PIN_RESET)
#define LCD12864_DATAOUT(X) HAL_GPIO_WritePin(GPIO_LCD12864_CMD,DATA_PIN,GPIO_PIN_RESET);HAL_GPIO_WritePin(GPIO_LCD12864_CMD,X<<8,GPIO_PIN_SET)
//液晶屏写入指令函数
```

```
void LCD12864_CMD(uint8_t com);
//液晶屏写入数据函数
void LCD12864_DAT(uint8_t dat);
//LCD12864液晶屏初始化函数
void LCD12864_Init(void);
//LCD12864液晶屏显示函数
void LCD12864_Display_String(uint8_t x,uint8_t y,char *s);
#endif
```

lcd12864.c 程序解释如下。

在 lcd12864.c 中，LCD12864_Display_String()函数显示字符需要两个步骤：一是选择显示的位置；二是选择显示的字符。

3) 基于 STM32F103 嵌入式实验箱运行

(1) 使用 20 针排线将核心板的 PE 接口与 LCD12864 显示模块的 J2 接口相连接。

(2) 将 LCD12864.hex 烧写到 STM32F103VCT6 芯片的 Flash 中，单击 Reset 按钮。

9.1.2　3.5 英寸 TFT 液晶屏模块

3.5 英寸 TFT 液晶屏模块不带字库，需要用户自建字库。

1. 自建字库

1) 使用 PCtoLCD2002 生成西文字符的字模

打开软件 PCtoLCD2002，如图 9-3 所示。

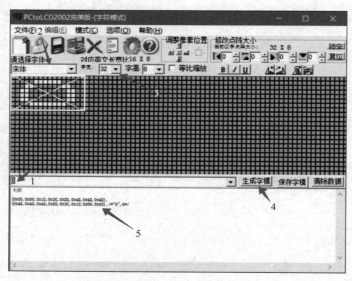

图 9-3　PCtoLCD2002 主界面(1)

第 1 步：先打上你想生成的西文字符，例如字符"0"。

第 2 步：选择字体。

第 3 步：选择字宽和字高：在 PCtoLCD2002 中，字宽是以汉字为标准，英文和数字的宽度为汉字的一半。如图 9-3 中，字宽虽然设置为 32，但西文字符的大小只有 16×8，即每行 16 个像素点，共 8 行，该西文字符的字模共占 16 字节。

第4步:单击"生成字模"按钮:

{0x00,0x00,0x1C,0x3C,0x22,0x42,0x42,0x42},{0x42,0x42,0x42,0x22,0x3C,0x1C,0x00,0x00},/*"0",0*/

第5步:把字模复制到font.h文件。

在本例中,生成的16字节的字模分成2行,每行8字节。若想改变每行显示的字节数,可以选择"选项"按钮,弹出"字模选项"对话框,如图9-4所示。在"每行显示数据"中,重新选择占阵的字节数。例如,"占阵"的下拉框选择"16",并单击"确定"按钮。此时再单击"生成字模"按钮,则生成的字模中,每行显示16字节,即

{0x00,0x00,0x1C,0x3C,0x22,0x42,0x42,0x42,0x42,0x42,0x42,0x22,0x3C,0x1C,0x00,0x00},/*"0",0*/

图9-4 "字模选项"对话框

2) 使用PCtoLCD2002生成汉字的字模

例如,生成"北京"的字模,要求:字体为"宋体",字号为16×16,取模方式为"阴码,顺向,逐行式,每行占阵为16字节,C51格式",操作步骤如下:

(1) 选择"选项"按钮,弹出"字模选项"对话框,按图9-4设置并单击"确定"按钮。

(2) 在PCtoLCD2002主界面中按图9-5设置,单击"生成字模"按钮,则生成的字模为:

{0x04,0x40,0x04,0x40,0x04,0x40,0x04,0x44,0x04,0x48,0x7C,0x50,0x04,0x60,0x04,0x40},{0x04,0x40,0x04,0x40,0x04,0x40,0x04,0x42,0x1C,0x42,0xE4,0x42,0x44,0x3E,0x04,0x00},/*"北",0*/

{0x02,0x00,0x01,0x00,0xFF,0xFE,0x00,0x00,0x00,0x00,0x1F,0xF0,0x10,0x10,0x10,0x10},{0x10,0x10,0x1F,0xF0,0x01,0x00,0x11,0x10,0x11,0x08,0x21,0x04,0x45,0x04,0x02,0x00},/*"京",1*/

注意:在图9-5中,每个汉字的大小为16×16,即每行16个像素点,共16行,每个汉字的字模共占32字节。

(3) 把字模复制到font.h文件。

3) 使用Image2Lcd 2.9生成图像的字模

打开软件Image2Lcd 2.9,如图9-6所示。

第1步:单击"打开"按钮并选择一张图像。

第2步:单击"输出灰度"右侧的下拉按钮,选择"16位真彩色"选项。

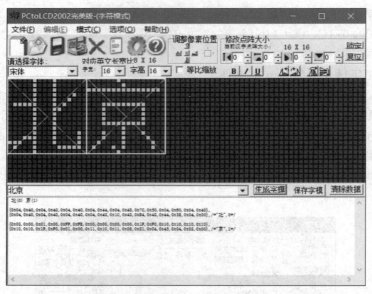

图 9-5　PCtoLCD2002 主界面（2）

第 3 步：在"最大宽度和高度"输入数值，如宽度输入 200，高度输入 200。

第 4 步：单击"16 位彩色"按钮。

第 5 步：单击"保存"按钮，便可生成一个 pic.h 文件。

注意：每张图像生成一个 picx.h 文件，建议分别命名为 pic.h、pic1.h、pic2.h、pic3.h 等。

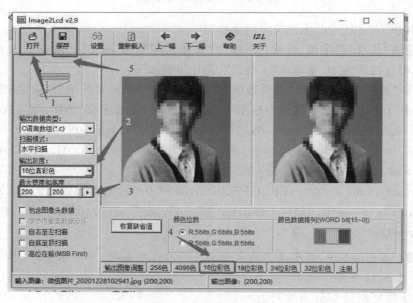

图 9-6　Image2Lcd 2.9 主界面

2. 3.5 英寸 TFT 液晶屏基础知识

1）3.5 英寸 TFT 液晶屏模块引脚

3.5 英寸 TFT 液晶屏模块显示区域大小为 320px×480px。控制 3.5 英寸 TFT 液晶屏需要使用6位控制线CS、RS、WR、RD、BL、RST和16位并行数据总线D0~D15,如图9-7所示。通过控制这22个端口对控制芯片(ILI9486)发送指令,完成3.5英寸TFT液晶显示屏模块的显示。

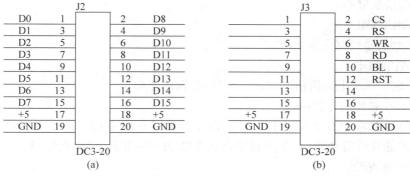

图9-7 3.5英寸TFT液晶屏模块的J2、J3接口

若使用20针排线将3.5英寸TFT液晶屏模块的J2接口与STM32核心板的PD接口相连,3.5英寸TFT液晶屏模块的J3接口与STM32核心板的PC接口相连,则3.5英寸TFT液晶屏模块的引脚名称、取值以及与STM32核心板引脚的对应关系如表9-7所示。

表9-7 3.5英寸TFT液晶屏模块与STM32核心板的引脚对应关系

3.5英寸TFT液晶屏模块	中文名称	取值	STM32核心板
CS	使能端(Chip Select)	当CS取0时使能,使能后才能读写指令和数据	PC8
RS	指令和数据选择端	当RW取1表示可读,取0表示可写	PC9
WR	写入控制端(Write)	WR由0变1(上升沿)时,完成写操作	PC10
RD	读取控制端(Read)	RD由0变1(上升沿)时,完成读操作	PC11
BL	背光控制端(Backlight)	—	PC12
RST	复位端(Rest)	当RST取0表示复位,复位时长至少100ms	PC13
D0~D15	D0~D15	—	PD0~PD15

2) ILI9486芯片的读/写时序

根据表9-7,ILI9486芯片的读/写时序可简化为表9-8。

表9-8 ILI9486芯片的读/写时序简化表

CS	RS	DATA	RD	WR	功能
0	0	8位	1	上升沿	写指令
0	1	8位/16位	上升沿	1	读参数/数据
0	1	8位/16位	1	上升沿	写参数/数据

(1) 写指令时序。

① CS端给低电平。

② RS端给低电平。

③ 控制数据总线(D0~D7)写入8位的指令。

④ RD 端给高电平。

⑤ WR 端给一个上升沿信号完成写指令的操作。

(2) 写参数/数据时序。

① CS 端给低电平。

② RS 端给高电平。

③ 控制数据总线写入参数/数据。

④ RD 端给高电平。

⑤ WR 端给一个上升沿信号完成写参数/数据的操作。

3) ILI9486 芯片的控制协议

为了使指令和数据有效写入 3.5 英寸 TFT 液晶显示终端上的 ILI9486 芯片中,首先需要对 ILI9486 芯片进行初始化,常用初始化指令如表 9-9 所示,详细功能可以翻阅 ILI9486 芯片的技术手册查看。

表 9-9 常用初始化指令

功能简述	指令	从左到右输入的参数
电源控制 1	0xc0	0x19、0x1a
电源控制 2	0xc1	0x45、0x00
电源控制 3	0xc2	0x33
VCOM 控制	0xc5	0x00、0x28
帧速率控制	0xb1	0xa0、0x11
显示反转控制	0xb4	0x02
显示功能控制	0xb6	0x00、0x42、0x3b
进入模式设置	0xb7	0x07
正伽马校正	0xe0	0x1f、0x25、0x22、0x0b、0x06、0x0a、0x4e、0xc6、0x39、0x00、0x00、0x00、0x00、0x00、0x00
负伽马校正	0xe1	0x1f、0x3f、0x3f、0x0f、0x1f、0x0f、0x46、0x49、0x31、0x05、0x09、0x03、0x1c、0x1a、0x00
内存访问控制	0x36	0xc8
接口像素格式	0x3a	0x55
停止休眠指令	0x11	不需要参数,但是需要至少等待延时 120ms
开启液晶屏显示	0x29	不需要参数

4) ILI9486 芯片的初始化

(1) 先拉低复位端 RST 等待 100ms 复位。

(2) 输入表 9-9 所示的所有功能。针对每一个功能,先输入指令,再输入若干个参数。

(3) 设置 LCD 参数。

(4) 点亮背光。

(5) 设置 LCD 呈现白屏。

5) 在显示终端设置颜色

在现实中会使用 0～255 去描述一个 RGB 值,一共使用到了 24 位数据,如红色 0xff0000,绿色 0x00ff00,蓝色 0x0000ff。而在显示终端中设置的颜色值长度为 16 位,所以需要将 24 位中红色的后三位、绿色的后两位、蓝色的后三位舍去。计算后得到对应的 16 位颜色值,例如,红色 0xf800,绿色 0x07e0,蓝色 0x001f,白色 0xffff,黑色 0x0000。

3. 应用举例

在实验箱中,使用 20 针排线将 3.5 英寸 TFT 液晶屏模块的 J2 接口与 STM32 核心板的 PD 接口相连,3.5 英寸 TFT 液晶屏模块的 J3 接口与 STM32 核心板的 PC 接口相连。在 3.5 英寸 TFT 液晶屏显示如图 9-8 所示的图案。

图 9-8 在液晶屏显示的图案

 任务说明

3.5 英寸 TFT 液晶屏需要使用 6 位控制线 CS、RS、WR、RD、BL、RST 和 16 位并行数据总线 D0~D15,如表 9-10 所示。通过控制这 22 个端口对控制芯片(ILI9486)发送指令,完成 3.5 英寸 TFT 液晶显示屏的显示。

表 9-10 核心板与 3.5 英寸 TFT 液晶屏的引脚连接

STM32 核心板	3.5 英寸 TFT 液晶屏模块	STM32 核心板	3.5 英寸 TFT 液晶屏模块
PC8	CS	PC12	BL
PC9	RS	PC13	RST
PC10	WR	PD0~PD15	D0~D15
PC11	RD		

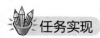 任务实现

1. 使用 STM32CubeMX 新建 STM32 工程

(1) 双击 STM32Cube MX 图标,在主界面中选择 File→New Project 菜单命令,在 Commercial Part Number 右边的下拉框中输入 STM32F103VCT6。

(2) 单击 Pinout & Configuration 选项卡,分别设置 PC8~PC13、PD0~PD15 的工作模式为 GPIO_Output。

(3) 单击 Project Manager 选项卡。在 Project Name 中输入 IFI;在 Project Location 中设置"E:\Users\chen\Desktop\STM32\9.1\";在 Toolchain/IDE 中选择 MDK-ARM 选项。

2. 在 Keil MDK 中配置 STM32 工程,并编程

(1) 把 font.h、pic.h 文件复制到"E:\Users\chen\Desktop\STM32\9.1\IFI\Core\Inc"中。

(2) 在目录树中创建 ili9486.c 文件(控制芯片 ILI9486 驱动文件)。

在 IFI 工程的目录树中,右击 Application/User/Core 分组,在弹出的快捷菜单中,选择 Add New Item to Group Application/User/Core 命令,在弹出的对话框中选择 C File(.c),然后在 Name 的文本框中输入 ili9486.c,在 Location 中选"E:\Users\chen\Desktop\STM32\9.1\IFI\Core\Src"。

(3) 在目录树中创建 ili9486.h 文件,然后将 ili9486.h 从目录树中移走。

在 IFI 工程的目录树中,右击 Application/User/Core 分组,在弹出的快捷菜单中,选择

Add New Item to Group Application/User/Core 命令,在弹出的对话框中选择 Header File (.h),然后在 Name 的文本框中输入 ili9486.h,在 Location 中选择"E:\Users\chen\Desktop\STM32\9.1\IFI\Core\Inc"。右击目录树的 ili9486.h,在弹出的快捷菜单中选择 Remove File 'ili9486.h'命令,将 ili9486.h 文件从目录树中移走。

(4) 同理,在目录树中创建 myLcd.c 文件(液晶屏显示控制文件)。

(5) 同理,在目录树中创建 myLcd.h 文件,然后将 myLcd.h 从目录树中移走。

(6) 在 main.c 中编程。

```
#include "stm32f1xx_hal.h"
#include "main.h"
#include "ili9486.h"
#include "myLcd.h"
void SystemClock_Config(void);
static void MX_GPIO_Init(void);
int main(void)
{
    HAL_Init();
    SystemClock_Config();
    MX_GPIO_Init();
    ILI9486_Init();              //液晶驱动芯片初始化
    HAL_Delay(500);
    GUI_Pic_OpenDev();           //显示开机画面
    HAL_Delay(500);
    while (1){    }
}
```

(7) 在 ili9486.c 中编程。

```
#include "stm32f1xx_hal.h"
#include "ili9486.h"
#include "stdlib.h"
/*用于控制 TFT 液晶屏的控制芯片(ILI9486)*/
//TFT 液晶屏 6 位控制线:CS、RS、WR、RD、BL、RST 和 16 位并行数据总线:D0~D15
//新建 lcddev 结构体,默认 LCD 为竖屏
_ILI9486_dev lcddev;
//新建全局变量,画笔颜色(默认为黑色),背景颜色(默认为白色)
uint16_t POINT_COLOR = 0x0000,BACK_COLOR = 0xFFFF;
//液晶屏初始化函数:对液晶屏进行初始化操作(写指令)
void ILI9486_Init(void)
{ //控制 5 位控制线 PC8~PC12 输出高电平
  HAL_GPIO_WritePin(GPIOC, GPIO_PIN_8|GPIO_PIN_9|GPIO_PIN_10|GPIO_PIN_11|GPIO_PIN_12,GPIO_PIN_SET);
    //控制 16 位数据线 PD0~PD15 输出高电平
  HAL_GPIO_WritePin(GPIOD, GPIO_PIN_All,GPIO_PIN_SET);
    ILI9486_RESET();             //液晶屏复位
    ILI9486_WR_REG(0xC0);        //电源控制,WR 表示"写入控制端"
    ILI9486_WR_DATA(0x19);       //+ 5.125V
    ILI9486_WR_DATA(0x1a);       //- 5.1875V
    ILI9486_WR_REG(0xC1);        //电源控制 2
    ILI9486_WR_DATA(0x45);       //设置升压电路中的因素"- Vci1 * 3"
```

```
ILI9486_WR_DATA(0x00);         //设置VCI1调节器输出电压
ILI9486_WR_REG(0xC2);          //电源控制3
ILI9486_WR_DATA(0x33);         //选择正常模式的升压电路(1~5)的工作频率"-4H"
ILI9486_WR_REG(0XC5);          //VCOM控制
ILI9486_WR_DATA(0x00);         //内存未编程(写0空过)
ILI9486_WR_DATA(0x28);         //从基准电压产生VCOM电压的设定因子"-1.375"
ILI9486_WR_REG(0xB1);          //帧速率控制
ILI9486_WR_DATA(0xA0);         //62Hz,1分频(不分频)
ILI9486_WR_DATA(0x11);         //设置正常模式的1H(行)周期,17 clocks
ILI9486_WR_REG(0xB4);          //显示反转控制
ILI9486_WR_DATA(0x02);         //队列2-DOT倒置,使能Z倒置
ILI9486_WR_REG(0xB6);          //显示功能控制
ILI9486_WR_DATA(0x00);         //选择显示数据路径为内存,DATAENABLE模式,RAM存取为
                               //  系统接口,内部系统时钟,正常扫描
ILI9486_WR_DATA(0x42);         //栅极输出扫描方向S1→S480(奇偶并列扫描),源输出扫描
                               //  方向S960→S1,扫描周期为5帧
ILI9486_WR_DATA(0x3B);         //液晶显示驱动线为480=8×(1+0x3b)
ILI9486_WR_REG(0xB7);          //进入模式设置
ILI9486_WR_DATA(0x07);         //设置存储在内部GRAM数据格式(16→18),设置两个位补
                               //  0,退出深度待机模式,关闭低电压检测开始正常显示
ILI9486_WR_REG(0xE0);          //正伽马校正
ILI9486_WR_DATA(0x1F);         //设置灰度电压以调节TFT面板的伽马特性
ILI9486_WR_DATA(0x25);
ILI9486_WR_DATA(0x22);
ILI9486_WR_DATA(0x0B);
ILI9486_WR_DATA(0x06);
ILI9486_WR_DATA(0x0A);
ILI9486_WR_DATA(0x4E);
ILI9486_WR_DATA(0xC6);
ILI9486_WR_DATA(0x39);
ILI9486_WR_DATA(0x00);
ILI9486_WR_DATA(0x00);
ILI9486_WR_DATA(0x00);
ILI9486_WR_DATA(0x00);
ILI9486_WR_DATA(0x00);
ILI9486_WR_DATA(0x00);
ILI9486_WR_REG(0XE1);          //负伽马校正
ILI9486_WR_DATA(0x1F);         //设置灰度电压以调节TFT面板的伽马特性
ILI9486_WR_DATA(0x3F);
ILI9486_WR_DATA(0x3F);
ILI9486_WR_DATA(0x0F);
ILI9486_WR_DATA(0x1F);
ILI9486_WR_DATA(0x0F);
ILI9486_WR_DATA(0x46);
ILI9486_WR_DATA(0x49);
ILI9486_WR_DATA(0x31);
ILI9486_WR_DATA(0x05);
ILI9486_WR_DATA(0x09);
ILI9486_WR_DATA(0x03);
ILI9486_WR_DATA(0x1C);
ILI9486_WR_DATA(0x1A);
ILI9486_WR_DATA(0x00);
ILI9486_WR_REG(0x36);          //内存访问控制
```

```c
        //MPU 到存储器写/读方向为:列地址;颜色选择器开关控制:BGR 彩色滤光片;显示顺序为上到
        下,左到右
        ILI9486_WR_DATA(0xc8);
        ILI9486_WR_REG(0x3A);          //接口像素格式
        ILI9486_WR_DATA(0x55);         //设置 RGB 接口格式为 16 位/像素,CPU 接口格式为 16 位/像素
        ILI9486_WR_REG(0x11);          //停止休眠指令
        HAL_Delay(120);                //至少等待 120ms
        ILI9486_WR_REG(0x29);          //开启液晶屏显示
        ILI9486_SetParam();            //设置 LCD 参数
        ILI9486_BL_CLR;                //点亮背光
        ILI9486_Clear(WHITE);          //设置 LCD 显示白屏
}
//向液晶屏写入 8 位指令(参数 reg:待写入的指令值)
void ILI9486_WR_REG(uint8_t reg)
{
    uint8_t i;
    ILI9486_CS_CLR;                //拉低使能引脚允许写数据
    ILI9486_RS_CLR;                //拉低选择信号位,允许写指令
    for(i=0;i<8;i++)               //控制数据总线写入 8 位的指令
    {
        if((reg &1<<i)==0)HAL_GPIO_WritePin(GPIO_ILI9486_DAT,1<<i,GPIO_PIN_RESET);
        else HAL_GPIO_WritePin(GPIO_ILI9486_DAT,1<<i,GPIO_PIN_SET);
    }
    ILI9486_RD_SET;                //RD 端给高电平
    ILI9486_WR_CLR;                //拉低写引脚
    ILI9486_WR_SET;                //拉高写引脚,完成指令写入寄存器
    ILI9486_CS_SET;                //拉高使能引脚不允许写指令
}
//向液晶屏写入 16 位数据(参数 data:待写入的数据)
void ILI9486_WR_DATA(uint16_t data)
{
    uint8_t i;
    ILI9486_CS_CLR;                //拉低使能引脚允许写数据
    ILI9486_RS_SET;                //拉高选择信号位,允许写数据
    for(i=0;i<16;i++)              //控制数据总线写入 16 位数据
    {
        if((data &1<<i)==0)HAL_GPIO_WritePin(GPIO_ILI9486_DAT,1<<i,GPIO_PIN_RESET);
        else HAL_GPIO_WritePin(GPIO_ILI9486_DAT,1<<i,GPIO_PIN_SET);
    }
    ILI9486_RD_SET;                //RD 端给高电平
    ILI9486_WR_CLR;                //拉低写入引脚
    ILI9486_WR_SET;                //拉高写入引脚,完成数据写入寄存器
    ILI9486_CS_SET;                //拉高使能脚不允许写数据
}
//功能:向液晶屏写入一个 16 位颜色
//参数:color 表示 RGB 颜色
void ILI9486_DrawPoint_16Bit(uint16_t color)
{
    #if  ILI9486_USE8BIT_MODEL==1          //用 8 位写入 16 位数据
    ILI9486_CS_CLR;                        //拉低使能引脚允许写数据
    ILI9486_RD_SET;                        //读信号拉高
    ILI9486_RS_SET;                        //拉高选择信号位,控制写参数
```

```c
        ILI9486_DATAOUT(color>>8);              //数据线提供颜色的高 8 位
        ILI9486_WR_CLR;                         //拉低写入引脚
        ILI9486_WR_SET;                         //拉高写入引脚,完成数据写入寄存器
        ILI9486_DATAOUT(color);                 //数据线提供颜色的低 8 位
        ILI9486_WR_CLR;                         //拉低写入脚
        ILI9486_WR_SET;                         //拉高写入脚,完成数据写入寄存器
        ILI9486_CS_SET;                         //拉高使能引脚不允许写数据
    #else                                       //16 位模式
        ILI9486_WR_DATA(color);                 //使用 16 位数据线写入颜色
    #endif
}
//功能:向液晶屏写入 8 位指令,16 位数据
//参数:ILI9486_reg 为寄存器地址,ILI9486_value 为要写入的数据
void ILI9486_WriteReg(uint8_t ILI9486_reg , uint16_t ILI9486_value)
{
    ILI9486_WR_REG(ILI9486_reg);                //写入 8 位指令
    ILI9486_WR_DATA(ILI9486_value);             //写入 16 位数据
}
//功能:在给液晶屏传送 RGB 数据前,必须发送写 GRAM 指令
//参数:无
void ILI9486_WriteRAM_Prepare(void)
{
    ILI9486_WR_REG(lcddev.wramcmd);             //写入填充颜色指令
}
//功能:在指定位置(一个像素点)写入"画笔"颜色
//参数:(x,y):光标坐标
void ILI9486_DrawPoint(uint16_t x,uint16_t y)
{
    ILI9486_SetCursor(x,y);                     //设置光标位置
    #if ILI9486_USE8BIT_MODEL==1                //用 8 位写入 16 位数据
        ILI9486_CS_CLR;                         //拉低使能引脚允许写数据
        ILI9486_RD_SET;                         //读信号拉高
        ILI9486_RS_SET;                         //拉高选择信号位,控制写参数
        ILI9486_DATAOUT(POINT_COLOR>>8);        //数据线提供"画笔"颜色的程序高 8 位
        ILI9486_WR_CLR;                         //拉低写入引脚
        ILI9486_WR_SET;                         //拉高写入引脚,完成数据写入寄存器
        ILI9486_DATAOUT(POINT_COLOR);           //数据线提供"画笔"颜色的低 8 位
        ILI9486_WR_CLR;                         //拉低写入引脚
        ILI9486_WR_SET;                         //拉高写入引脚,完成数据写入寄存器
        ILI9486_CS_SET;                         //拉高使能引脚不允许写数据
    #else                                       //16 位模式
        ILI9486_WR_DATA(POINT_COLOR);           //使用 16 位写入"画笔"颜色
    #endif
}
//功能:LCD 区域填充函数
//参数:(sx,sy)为指定区域开始点位置,(ex,ey)为指定区域结束点位置,c 为要填充的颜色
void ILI9486_Fill(uint16_t sx,uint16_t sy,uint16_t ex,uint16_t ey,uint16_t c)
{
    uint16_t i = 0 ,j = 0;                      //建立全局变量
    uint16_t width=ex-sx+1;                     //得到填充的宽度
    uint16_t height=ey-sy+1;                    //得到填充的高度
    ILI9486_SetWindows(sx,sy,ex-1,ey-1);        //设置填充区域
```

```c
    #if  ILI9486_USE8BIT_MODEL==1              //用 8 位写入 16 位数据
      ILI9486_RS_SET;                          //拉高选择信号位,控制写参数
      ILI9486_CS_CLR;                          //拉低使能引脚允许写数据
      for(i=0;i<height;i++)                    //高度 for 循环
      {
        for(j=0;j<width;j++)                   //宽度 for 循环
        {
           ILI9486_DATAOUT(c>>8);              //数据线提供颜色的代码高 8 位
           ILI9486_WR_CLR;                     //拉低写入引脚
           ILI9486_WR_SET;                     //拉高写入引脚,完成数据写入寄存器
           ILI9486_DATAOUT(c);                 //数据线提供颜色的低 8 位
           ILI9486_WR_CLR;                     //拉低写入引脚
           ILI9486_WR_SET;                     //拉高写入引脚,完成数据写入寄存器
        }
      }
      ILI9486_CS_SET;                          //拉高使能引脚不允许写数据
    #else                                      //16 位模式
      for(i=0;i<height;i++)                    //高度 for 循环
      {
        for(j=0;j<width;j++)                   //宽度 for 循环
           ILI9486_WR_DATA(c);                 //写入数据
      }
    #endif
      ILI9486_SetWindows(0,0,lcddev.width-1,lcddev.height-1);//恢复窗口设置为全屏
}

//功能:LCD 全屏填充清屏函数
//参数:color:要清屏的填充色
void ILI9486_Clear(uint16_t color)
{
    ILI9486_Fill(0,0,lcddev.width-1,lcddev.height-1,color);   //LCD 全屏填充清屏
}
//LCD 复位函数,液晶初始化前要调用此函数
void ILI9486_RESET(void)
{
    ILI9486_RST_CLR;                           //LCD 复位信号拉低,开始复位
    HAL_Delay(100);                            //至少延时 100ms
    ILI9486_RST_SET;                           //LCD 复位信号拉高,完成复位
    HAL_Delay(50);                             //延时等待稳定
}
//功能:设置显示窗口起始坐标和结束坐标
//参数:(xstar,ystar)为窗口左上角起始坐标,(xend,yend)为窗口右下角结束坐标
void ILI9486_SetWindows(uint16_t xstar, uint16_t ystar, uint16_t xend, uint16_t yend)
{
    ILI9486_WR_REG(lcddev.setxcmd);            //Column Address Set 列地址设置
    ILI9486_WR_DATA(xstar>>8);                 //x 起始地址高 8 位
    ILI9486_WR_DATA(0x00FF&xstar);             //x 起始地址低 8 位
    ILI9486_WR_DATA(xend>>8);                  //x 结束地址高 8 位
    ILI9486_WR_DATA(0x00FF&xend);              //x 结束地址低 8 位
    ILI9486_WR_REG(lcddev.setycmd);            //Page Address Set 页地址设置
    ILI9486_WR_DATA(ystar>>8);                 //y 起始地址高 8 位
    ILI9486_WR_DATA(0x00FF&ystar);             //y 起始地址低 8 位
```

```
    ILI9486_WR_DATA(yend>>8);                          //y 结束地址高 8 位
    ILI9486_WR_DATA(0x00FF&yend);                      //y 结束地址低 8 位
    ILI9486_WriteRAM_Prepare();                        //开始写 GRAM 指令
}
//功能:设置光标位置
//参数:Xpos 为横坐标;Ypos 为纵坐标
void ILI9486_SetCursor(uint16_t Xpos, uint16_t Ypos)
{
    ILI9486_WR_REG(lcddev.setxcmd);                    //选择存放 x 坐标的寄存器
    ILI9486_WR_DATA(Xpos>>8);                          //Xpos 起始地址高 8 位
    ILI9486_WR_DATA(0x00FF&Xpos);                      //Xpos 起始地址低 8 位
    ILI9486_WR_DATA((lcddev.width-1)>>8);              //结束地址高 8 位
    ILI9486_WR_DATA(0x00FF&(lcddev.width-1));          //结束地址低 8 位
    ILI9486_WR_REG(lcddev.setycmd);                    //选择存放 y 坐标的寄存器
    ILI9486_WR_DATA(Ypos>>8);                          //Ypos 起始地址高 8 位
    ILI9486_WR_DATA(0x00FF&Ypos);                      //Ypos 起始地址低 8 位
    ILI9486_WR_DATA((lcddev.height-1)>>8);             //结束地址高 8 位
    ILI9486_WR_DATA(0x00FF&(lcddev.height-1));         //结束地址低 8 位
    ILI9486_WriteRAM_Prepare();                        //开始写 GRAM 指令
}
//功能:设置 LCD 参数,用于选择横屏还是竖屏
void ILI9486_SetParam(void)
{
    lcddev.setxcmd=0x2A;                               //设置起始点和结束点 x 坐标指令
    lcddev.setycmd=0x2B;                               //设置起始点和结束点 y 坐标指令
    lcddev.wramcmd=0x2C;                               //填充颜色指令
    #if   USE_HORIZONTAL==1                            //使用横屏
        lcddev.dir=1;                                  //横屏参数
        lcddev.width=480;                              //设置宽为 480
        lcddev.height=320;                             //设置高为 320
        //设置显示参数,BGR==1,MY==1,MX==0,MV==1
        ILI9486_WriteReg(0x36,(1<<3)|(1<<7)|(1<<5));   //1<<5 表示横屏显示
    #else                                              //使用竖屏
        lcddev.dir=0;                                  //竖屏参数
        lcddev.width=320;                              //设置宽为 320
        lcddev.height=480;                             //设置高为 480
        //设置显示参数,BGR==1,MY==0,MX==0,MV==0
     ILI9486_WriteReg(0x36,(1<<3)|(1<<6)|(1<<7));      //1<<6 表示竖屏显示
    #endif
}
```

(8) 在 ili9486.h 中编程。

```
#ifndef __ILI9486_H_
#define __ILI9486_H_
#include "stdlib.h"
#include "stm32f1xx_hal.h"
//根据需要修改 GPIO 组
#define GPIO_ILI9486_CMDGPIOC
#define GPIO_ILI9486_DATGPIOD
//LCD 重要参数集
typedef struct
{
```

```c
    uint16_t width;                    //LCD 宽度
    uint16_t height;                   //LCD 高度
    uint16_t id;                       //LCD ID
    uint8_t  dir;                      //横屏还是竖屏控制:0 为竖屏,1 为横屏
    uint16_t wramcmd;                  //开始写 gram 指令
    uint16_t setxcmd;                  //设置 x 坐标指令
    uint16_t setycmd;                  //设置 y 坐标指令
}_ILI9486_dev;
extern _ILI9486_dev lcddev;            //管理 LCD 重要参数
//支持横竖屏快速定义切换,支持 8/16 位模式切换
#define USE_HORIZONTAL  0              //定义是否使用横屏:0 为不使用,1 为使用
#define ILI9486_USE8BIT_MODEL  0       //定义数据总线是否使用 8 位模式 0 为使用 16 位模
                                         式,1 为使用 8 位模式
//定义 LCD 的尺寸
#if USE_HORIZONTAL==1                  //使用横屏
    #define LCD_W 480
    #define LCD_H 320
#else
    #define LCD_W 320
    #define LCD_H 480
#endif
//画笔颜色(默认为黑色),背景颜色(默认为白色)
extern uint16_t   POINT_COLOR;
extern uint16_t   BACK_COLOR;
//QDtech全系列模块采用了三极管控制背光亮灭,用户也可以接 PWM 调节背光亮度
#defineILI9486_CS_SET  HAL_GPIO_WritePin(GPIO_ILI9486_CMD, GPIO_PIN_8,GPIO_PIN_
SET)       //使能端
#defineILI9486_RS_SETHAL_GPIO_WritePin(GPIO_ILI9486_CMD, GPIO_PIN_9,GPIO_PIN_
SET)       //指令和数据选择端
#defineILI9486_WR_SETHAL_GPIO_WritePin(GPIO_ILI9486_CMD, GPIO_PIN_10,GPIO_PIN_
SET)       //写入控制端
#defineILI9486_RD_SETHAL_GPIO_WritePin(GPIO_ILI9486_CMD, GPIO_PIN_11,GPIO_PIN_
SET)       //读取控制端
#defineILI9486_BL_SETHAL_GPIO_WritePin(GPIO_ILI9486_CMD, GPIO_PIN_12,GPIO_PIN_
SET)       //背光控制端
#defineILI9486_RST_SETHAL_GPIO_WritePin(GPIO_ILI9486_CMD, GPIO_PIN_13,GPIO_PIN_
SET)       //复位端
#defineILI9486_CS_CLR  HAL_GPIO_WritePin(GPIO_ILI9486_CMD, GPIO_PIN_8,GPIO_PIN_
RESET)     //使能端
#defineILI9486_RS_CLRHAL_GPIO_WritePin(GPIO_ILI9486_CMD, GPIO_PIN_9,GPIO_PIN_
RESET)     //指令和数据选择端
#defineILI9486_WR_CLRHAL_GPIO_WritePin(GPIO_ILI9486_CMD, GPIO_PIN_10,GPIO_PIN_
RESET)     //写入控制端
#defineILI9486_RD_CLRHAL_GPIO_WritePin(GPIO_ILI9486_CMD, GPIO_PIN_11,GPIO_PIN_
RESET)     //读取控制端
#defineILI9486_BL_CLRHAL_GPIO_WritePin(GPIO_ILI9486_CMD, GPIO_PIN_12,GPIO_PIN_
RESET)     //背光控制端
#defineILI9486_RST_CLRHAL_GPIO_WritePin(GPIO_ILI9486_CMD, GPIO_PIN_13,GPIO_PIN_
RESET)     //复位端
//扫描方向定义
#define L2R_U2D  0                    //从左到右,从上到下
#define L2R_D2U  1                    //从左到右,从下到上
#define R2L_U2D  2                    //从右到左,从上到下
#define R2L_D2U  3                    //从右到左,从下到上
#define U2D_L2R  4                    //从上到下,从左到右
```

```
#define U2D_R2L      5                    //从上到下,从右到左
#define D2U_L2R      6                    //从下到上,从左到右
#define D2U_R2L      7                    //从下到上,从右到左
#define DFT_SCAN_DIR    L2R_U2D           //默认的扫描方向
//调色板,单色(0~255),自己定义 RGB
#define MYRED                    222
#define MYGREEN                  33
#define MYBLUE                   111
#define MYCOLOR                  ((MYRED&0xf8)<<8)|((MYGREEN&0xfc)<<3)|((MYBLUE&0xf8)>>3)
//提供的颜色
#define WHITE        0xFFFF      //白色
#define BLACK        0x0000      //黑色
#define BLUE         0x001F      //蓝色
#define BRED         0xF81F      //红蓝色
#define GRED         0xFFE0      //红绿色
#define GBLUE        0x07FF      //蓝绿色
#define RED          0xF800      //红色
#define MAGENTA      0xF81F      //品红色
#define GREEN        0x07E0      //绿色
#define CYAN         0x7FFF      //青色
#define YELLOW       0xFFE0      //黄色
#define BROWN        0XBC40      //棕色
#define BRRED        0XFC07      //棕红色
#define GRAY         0X8430      //灰色
//其他混合色
#define DARKBLUE     0X01CF      //深蓝色
#define LIGHTBLUE    0X7D7C      //浅蓝色
#define GRAYBLUE     0X5458      //灰蓝色
#define LIGHTGREEN   0X841F      //浅绿色
#define LIGHTGRAY    0XC618      //浅灰色(PANNEL),窗体背景色
#define LGRAYBLUE    0XA651      //浅灰蓝色(中间层颜色)
#define LBBLUE       0X2B12      //浅棕蓝色(选择条目的反色)
void ILI9486_Init(void);
void ILI9486_WR_REG(uint8_t reg);
//向液晶屏写入 16 位数据函数
void ILI9486_WR_DATA(uint16_t data);
//向液晶屏写入一个 16 位颜色
void ILI9486_DrawPoint_16Bit(uint16_t color);
//向液晶屏写入 8 位指令,16 位数据函数
void ILI9486_WriteReg(uint8_t ILI9486_reg , uint16_t ILI9486_value);
//写 GRAM 指令函数
void ILI9486_WriteRAM_Prepare(void);
//在指定位置(一个像素点)写入"画笔"颜色
void ILI9486_DrawPoint(uint16_t x,uint16_t y);
//LCD 区域填充函数
void ILI9486_Fill(uint16_t sx,uint16_t sy,uint16_t ex,uint16_t ey,uint16_t c);
//LCD 全屏填充清屏函数
void ILI9486_Clear(uint16_t color);
//LCD 复位函数,液晶初始化前要调用此函数
void ILI9486_RESET(void);
//设置显示窗口起始坐标和结束坐标
void ILI9486_SetWindows(uint16_t xstar, uint16_t ystar, uint16_t xend, uint16_t yend);
//设置光标位置
```

```c
void ILI9486_SetCursor(uint16_t Xpos, uint16_t Ypos);
//设置 LCD 参数,用于选择横屏还是竖屏
void ILI9486_SetParam(void);
#endif
```

(9) 在 myLcd.c 中编程。

```c
#include "main.h"
#include "ili9486.h"
#include "font.h"
#include "myLcd.h"
#include "stdio.h"
#include "string.h"
#include "pic.h"
//功能:基础 GUI 绘点
//参数:x 为光标位置 x 坐标,y 为光标位置 y 坐标,c 为要填充的颜色
void GUI_DrawPoint(uint16_t x,uint16_t y,uint16_t c)
{
    ILI9486_SetCursor(x,y);              //设置光标位置
    ILI9486_DrawPoint_16Bit(c);          //对光标点的像素写入颜色
}
//功能:基础 GUI 矩形区域填色
//参数:(sx,sy)为指定区域开始点坐标,(ex,ey)为指定区域结束点坐标,c 为要填充的颜色
void GUI_Fill(uint16_t sx,uint16_t sy,uint16_t ex,uint16_t ey,uint16_t c)
{
    ILI9486_Fill(sx,sy,ex,ey,c);         //LCD 填充函数
}
//功能:基础 GUI 画线(函数使用 Bresenham 画线算法)
//参数:(x1,y1)为起点坐标,(x2,y2)为终点坐标,c 为要填充的颜色
void GUI_DrawLine(uint16_t x1, uint16_t y1, uint16_t x2, uint16_t y2, uint16_t c)
{
    //创建循环和计算使用的变量
    uint16_t t = 0;
    int xerr = 0 , yerr = 0 , delta_x = 0  , delta_y = 0  , distance = 0;
    int incx = 0 , incy = 0 , uRow = 0 , uCol = 0 ;
    delta_x=x2-x1;                       //计算 x 坐标长度
    delta_y=y2-y1;                       //计算 y 坐标长度
    uRow=x1;                             //初始 x 轴的点赋值
    uCol=y1;                             //初始 y 轴的点赋值
    if(delta_x>0)                        //x 轴的画线方向朝向右
        incx=1;                          //设置 x 轴方向参数为 1
    else if(delta_x==0)                  //x 轴的画线方向无朝向
        incx=0;                          //设置 x 轴方向参数为 0
    else                                 //否则 x 轴的画线方向朝向左
    {
        incx=-1;                         //设置 x 轴方向参数为-1
        delta_x=-delta_x;                //长度值取反,输出长度的绝对值
    }
    if(delta_y>0)                        //y 轴的画线方向朝向下
        incy=1;                          //设置 y 轴方向参数为 1
    else if(delta_y==0)                  //y 轴的画线方向无朝向
        incy=0;                          //设置 y 轴方向参数为 0
    else                                 //否则 y 轴的画线方向朝向左
    {
```

```c
            incy=-1;                        //设置 y 轴方向参数为-1
            delta_y=-delta_y;               //长度值取反,输出长度的绝对值
        }
        if(delta_x>delta_y)                 //判断 x 轴与 y 轴的大小
            distance=delta_x;               //选取 x 轴长度(x 轴>y 轴)
        else
            distance=delta_y;               //选取 y 轴长度(y 轴>x 轴)
        for(t=0;t<=distance+1;t++ )         //画线输出
        {
            GUI_DrawPoint(uRow,uCol,c);     //循环使用指定颜色画点
            xerr+=delta_x;                  //用于判定的 xerr 值自加 x 轴的长度值
            yerr+=delta_y;                  //用于判定的 yerr 值自加 y 轴的长度值
            if(xerr>distance)               //判定 xerr 值是否大于判定值
            {
                xerr-=distance;             //减去判定值,得到用于下次计算的余值
                uRow+=incx;                 //下次描点的 x 坐标值改变
            }
            if(yerr>distance)               //判定 yerr 值是否大于判定值
            {
                yerr-=distance;             //减去判定值,得到用于下次计算的余值
                uCol+=incy;                 //下次描点的 y 坐标值改变
            }
        }
}
//功能:基础 GUI 画矩形(非填充)
//参数:x1,y1 为起点坐标,x2,y2 为终点坐标,c 为要填充的颜色
void GUI_DrawRectangle(uint16_t x1, uint16_t y1, uint16_t x2, uint16_t y2 ,uint16_t c)
{
    GUI_DrawLine(x1,y1,x2,y1,c);            //使用基础 GUI 画线函数绘制第 1 条边
    GUI_DrawLine(x1,y1,x1,y2,c);            //使用基础 GUI 画线函数绘制第 2 条边
    GUI_DrawLine(x1,y2,x2,y2,c);            //使用基础 GUI 画线函数绘制第 3 条边
    GUI_DrawLine(x2,y1,x2,y2,c);            //使用基础 GUI 画线函数绘制第 4 条边,完成绘制
}
//功能:基础 GUI 画矩形(填充)
//参数:(x1,y1)为起点坐标,(x2,y2)为终点坐标,c 为要填充的颜色
void GUI_DrawFillRectangle(uint16_t x1, uint16_t y1, uint16_t x2, uint16_t y2,
uint16_t c)
{
    //基础 GUI 画矩形(填充)使用基础 GUI 矩形区域填色,颜色为指定颜色
    GUI_Fill(x1,y1,x2,y2,c);
}
//功能:显示单个英文字符
/*参数:(x,y)为字符显示位置起始坐标,fc 为前置画笔颜色,bc 为背景颜色
       num 为数值(0-94),size 为字体大小,mode 为模式,0 为填充模式,1 为叠加模式*/
void GUI_ShowChar(uint16_t x,uint16_t y, uint16_t fc, uint16_t bc, uint8_t num,
uint8_t size,uint8_t mode)
{
    uint8_t temp = 0;
    uint16_t temp2=0;
    uint8_t pos = 0 , t = 0;
    num=num-' ';                            //得到字符偏移后的值
    //设置单个字符显示窗口。起始坐标(x,y),窗口宽为 size/2,高为 size
    ILI9486_SetWindows(x,y,x+size/2-1,y+size-1);
    if(size==12|size==16)                   //1206 和 1608 字体
```

```c
{
    if(!mode)                                    //填充模式,添加字体背景色
    {
        for(pos=0;pos<size;pos++)
        {
            if(size==12)                         //如果绘制字体为1206格式
                temp=asc2_1206[num][pos];
            else                                 //否则绘制字体为1608格式
                temp=asc2_1608[num][pos];
            for(t=0;t<size/2;t++)
            {
                //判断最低位是否有效,有效则涂字体颜色,无效则涂背景色
                if(temp&0x01)
                    ILI9486_DrawPoint_16Bit(fc);
                else  ILI9486_DrawPoint_16Bit(bc);
                emp>>=1;                         //字节右移一位用于下次判断
            }
        }
    }
    else                                         //叠加模式,无字体背景色
    {
        //自上到下循环输入
        for(pos=0;pos<size;pos++)
        {
            if(size==12)                         //如果绘制字体为1206格式
                temp=asc2_1206[num][pos];
            else                                 //否则绘制字体为1608格式
                temp=asc2_1608[num][pos];
            //自左到右循环输入,从左侧输入低位
            for(t=0;t<size/2;t++)
            {
                //判断字节的最低位是否有效,有效则选对应坐标点涂字体颜色
                if(temp&0x01)  GUI_DrawPoint(x+t,y+pos,fc);
                //字节右移一位用于下次判断
                temp>>=1;
            }
        }
    }
}
else if(size==24|size==32)                       //2412 和 3216字体
{
    if(!mode)                                    //填充模式,添加字体背景色
    {
        //自上到下循环输入
        for(pos=0;pos<size;pos++)
        {
            if(size==24)                         //如果绘制字体为2412格式
                temp2=(asc2_2412[num][pos *2+1]<<8)+asc2_2412[num][pos *2];
            else                                 //否则绘制字体为3216格式
                temp2=(asc2_3216[num][pos *2+1]<<8)+asc2_3216[num][pos *2];
            //自左到右循环输入,从左侧输入低位
            for(t=0;t<size/2;t++)
            {
                //判断最低位是否有效,有效则涂字体颜色,无效则涂背景色
                if(temp2&0x01)  ILI9486_DrawPoint_16Bit(fc);
```

```c
                        else ILI9486_DrawPoint_16Bit(bc);
                    //字节右移一位用于下次判断
                    temp2>>=1;
                }
            }
        }
        else                    //叠加模式,无字体背景色
        {
            //自上到下循环输入
            for(pos=0;pos<size;pos++)
            {
                if(size==24)//如果绘制字体为 2412 格式
                    temp2=(asc2_2412[num][pos*2+1]<<8)+asc2_2412[num][pos*2];
                else        //否则绘制字体为 3216 格式
                    temp2=(asc2_3216[num][pos*2+1]<<8)+asc2_3216[num][pos*2];
                //自左到右循环输入,从左侧输入低位
                for(t=0;t<size/2;t++)
                {
                    //判断字节的最低位是否有效,有效则选对应坐标点涂字体颜色
        if(temp2&0x01)  GUI_DrawPoint(x+t,y+pos,fc);
                    //字节右移一位用于下次判断
                    temp2>>=1;
                }
            }
        }
    }
    ILI9486_SetWindows(0,0,lcddev.width-1,lcddev.height-1);//恢复窗口为全屏
}
//功能:显示单个 16×16 中文字体
/*参数:x,y 为起点坐标,fc 为前置画笔颜色,bc 为背景颜色,s 为字符串地址
  mode:模式 0,填充模式 1,叠加模式*/
void GUI_DrawFont16(uint16_t x, uint16_t y, uint16_t fc, uint16_t bc, char *s,
uint8_t mode)
{
    uint8_t i0 = 0, i1 = 0 , j = 0;
    uint16_t k = 0;
    uint16_t HZnum = 0;
    HZnum=sizeof(tfont16)/sizeof(typFNT_GB16);              //自动统计汉字数目
    //循环寻找匹配的 Index[2]成员值
    for (k=0;k<HZnum;k++)
    {
        //对应成员值匹配
        if((tfont16[k].Index[0]==*(s))&&(tfont16[k].Index[1]==*(s+1)))
        {
            //为 16×16 中文字体设置窗口
            ILI9486_SetWindows(x,y,x+16-1,y+16-1);
            //x 方向循环执行写 16 行,逐行式输入
            for(i0=0;i0<16;i0++)
            {
                //每行写入 2 字节,自左到右
                for(i1=0;i1<2;i1++)
                //每字节输入 8 个像素,高位在前
                for(j=0;j<8;j++)
```

```c
                    {
                        //填充模式
                        if(!mode)
                        {
                            //判断字节有效位,从最高位到最低位
                            if(tfont16[k].Msk[i0*2+i1]&(0x80>>j))
                                //有效涂字体颜色
                                ILI9486_DrawPoint_16Bit(fc);
                            else
                                //无效则涂背景色
                                ILI9486_DrawPoint_16Bit(bc);
                        }
                        else
                        {
                            //判断字节有效位,从最高位到最低位
                            if(tfont16[k].Msk[i0*2+i1]&(0x80>>j))
                                //位有效则选对应坐标点涂字体颜色
                                GUI_DrawPoint(x+i1*8+j,y+i0,fc);
                        }
                    }
                }
            //查找到对应点阵关键字完成绘字后立即退出for循环,防止多个汉字重复取模显示
            break;
            }
        }
        ILI9486_SetWindows(0,0,lcddev.width-1,lcddev.height-1);    //恢复窗口为全屏
}
//功能:显示单个24×24中文字体
/*参数:x,y为起点坐标,fc为前置画笔颜色,bc为背景颜色,s为字符串地址
  mode:模式0,填充模式1,叠加模式*/
void GUI_DrawFont24(uint16_t x, uint16_t y, uint16_t fc, uint16_t bc, char *s,
uint8_t mode)
{
    uint8_t i0 = 0, i1 = 0 , j = 0;
    uint16_t k = 0;
    uint16_t HZnum = 0;
    //自动统计汉字数目
    HZnum=sizeof(tfont24)/sizeof(typFNT_GB24);
    //循环寻找匹配的Index[2]成员值
    for (k=0;k<HZnum;k++)
    {
        //对应成员值匹配
        if((tfont24[k].Index[0]==*(s))&&(tfont24[k].Index[1]==*(s+1)))
        {
            //为24×24中文字体设置窗口
            ILI9486_SetWindows(x,y,x+24-1,y+24-1);
            //x方向循环执行写24行,逐行式输入
            for(i0=0;i0<24;i0++)
            {
                //每行写入3个字节,自左到右
                for(i1=0;i1<3;i1++)
                //每字节输入8个像素,高位在前
                for(j=0;j<8;j++)
```

```c
            {
                //填充模式
                if(!mode)
                {
                    //判断字节有效位,从最高位到最低位
                    if(tfont24[k].Msk[i0*3+i1]&(0x80>>j))
                        ILI9486_DrawPoint_16Bit(fc);        //有效则涂字体颜色
                    else
                        ILI9486_DrawPoint_16Bit(bc);        //无效则涂背景色
                }
                else
                {
                    //判断字节有效位,从最高位到最低位
                    if(tfont24[k].Msk[i0*3+i1]&(0x80>>j))
                        //位有效则选对应坐标点涂字体颜色
                        GUI_DrawPoint(x+i1*8+j,y+i0,fc);
                }
            }
        }
    //查找到对应点阵关键字完成绘字后立即退出 for 循环,防止多个汉字重复取模显示
break;
    }
    ILI9486_SetWindows(0,0,lcddev.width-1,lcddev.height-1);   //恢复窗口为全屏
}
//功能:显示单个 32×32 中文字体
/*参数:x,y 为起点坐标,fc 为前置画笔颜色,bc 为背景颜色,s 为字符串地址
  mode:模式,0 为填充模式,1 为叠加模式 */
void GUI_DrawFont32(uint16_t x, uint16_t y, uint16_t fc, uint16_t bc, char *s,
uint8_t mode)
{
    uint8_t i0 = 0, i1 = 0 , j = 0;
    uint16_t k = 0;
    uint16_t HZnum = 0;
    //自动统计汉字数目
    HZnum=sizeof(tfont32)/sizeof(typFNT_GB32);
    //循环寻找匹配的 Index[2]成员值
    for (k=0;k<HZnum;k++)
    {
        //对应成员值匹配
        if((tfont32[k].Index[0]==*(s))&&(tfont32[k].Index[1]==*(s+1)))
        {
            //为 32×32 中文字体设置窗口
            ILI9486_SetWindows(x,y,x+32-1,y+32-1);
            //x 方向循环执行写 32 行,逐行式输入
            for(i0=0;i0<32;i0++)
            {
                //每行写入 4 个字节,自左到右
                for(i1=0;i1<4;i1++)
                //每字节输入 8 个像素,高位在前
                for(j=0;j<8;j++)
                {
                    //填充模式
```

```
                            if(!mode)
                            {
                                //判断字节有效位,从最高位到最低位
                                if(tfont32[k].Msk[i0*4+i1]&(0x80>>j))
                                    ILI9486_DrawPoint_16Bit(fc);        //有效则涂字体颜色
                                else
                                    ILI9486_DrawPoint_16Bit(bc);        //无效则涂背景色
                            }
                            else
                            {
                                //判断字节有效位,从最高位到最低位
                                if(tfont32[k].Msk[i0*4+i1]&(0x80>>j))
                                    //位有效则选对应坐标点涂字体颜色
                                    GUI_DrawPoint(x+i1*8+j,y+i0,fc);
                            }
                        }
                    }
                    //查找到对应点阵关键字完成绘字后立即退出 for 循环,防止多个汉字重复取模显示
                    break;
                }
            }
            ILI9486_SetWindows(0,0,lcddev.width-1,lcddev.height-1);  //恢复窗口为全屏
}
//功能:显示一个字符串,包含中英文显示
/*参数:x,y 为起点坐标,fc 为前置画笔颜色,bc 为背景颜色,str 为字符串,size 为字体大小
   mode:模式 0,填充模式 1,叠加模式*/
void GUI_Show_Str(uint16_t x, uint16_t y, uint16_t fc, uint16_t bc, char *str,
uint8_t size,uint8_t mode)
{
    uint16_t x0 = x;
        uint8_t bHz = 0;                //字符或者中文,首先默认是字符
    if(size!=12&&size!=16&&size!=24&&size!=32)   size=16;  //默认为 1608
    while(*str!=0)                                           //判断为否时为结束符
    {
        if(!bHz)                                             //判断为是字符
        {
            //如果显示字符超出预设 lcd 屏大小则退出,即超出屏幕部分的字符不显示
            if(x>(lcddev.width-size/2)||y>(lcddev.height-size))
            {
                x=0;                                         //显示靠前
                y+=size;                                     //显示换行
            }
            if((uint8_t)*str>0x80)    //对显示的字符检查,判断是否为中文
                bHz=1;                //判断为中文,则跳过显示字符改为显示中文
            else                      //确定为字符
            {
                if(*str==0x0D)        //判断是换行符号
                {
                    y+=size;          //下一个显示的坐标换行
                    x=x0;             //显示靠前
                    str++;            //准备下一个字符
                }
                else                  //判断不是换行符
```

```c
                    {
                        GUI_ShowChar(x,y,fc,bc,*str,size,mode);  //显示对应尺寸字符
                        x+=size/2;        //显示完后右移起始显示横坐标准备下次显示
                    }
                    //显示地址自增,准备下一个字符
                    str++;
                }
            }
            else                         //判断是中文
            {
                //如果显示的中文超出预设lcd屏大小则换行显示
                if(x>(lcddev.width-size) ||y>(lcddev.height-size))
                {
                    x = 0;
                    y += size;
                }
                bHz=0;                    //改为默认字符用于下次字符判断
                if(size==32)              //判断是否为 32×32 大小的中文
                    //显示 32×32 大小的中文
                    GUI_DrawFont32(x,y,fc,bc,str,mode);
                else if(size==24)         //判断是否为 24×24 大小的中文
                    //显示 24×24 大小的中文
                    GUI_DrawFont24(x,y,fc,bc,str,mode);
                else if(size==16)         //否则为 16×16 大小的中文
                    //显示 16×16 大小的中文
                    GUI_DrawFont16(x,y,fc,bc,str,mode);
                //由于显示为中文,需要自增 2 个地址
                str+=2;
                //显示完后右移起始显示横坐标准备下次显示
                x+=size;
            }
        }
    }
}
//功能:居中显示一个字符串,包含中英文显示
/*参数:x,y 为起点坐标,fc 为前置画笔颜色,bc 为背景颜色,str 为字符串,size 为字体大小
  mode:模式 0,填充模式;1,叠加模式*/
void GUI_StrCenter(uint16_t x, uint16_t y, uint16_t fc, uint16_t bc, char *str,
uint8_t size,uint8_t mode)
{
    //获得字符串总长度,其中字符占 1 字节,中文占 2 字节
    uint16_t len=strlen((const char *)str);
    //通过总长度获得显示起始横坐标
    uint16_t x1=(lcddev.width-len*size/2)/2;
    //居中显示一个字符串(包含中英文显示)
    GUI_Show_Str(x+x1,y,fc,bc,str,size,mode);
}
//功能:显示一幅 16 位 BMP 图像,图片像素为 200×200
//参数:x,y 为起点坐标,p 为图像数组起始地址
void GUI_Drawbmp16(uint16_t x,uint16_t y,const uint8_t *p)
{
    uint32_t i = 0;
    uint8_t picH = 0,picL = 0;
    //窗口设置起始点坐标为 x,y,长、宽都为 320
```

```c
    ILI9486_SetWindows(x,y,x+200-1,y+200-1);
    //循环赋值
    for(i=0;i<200*200;i++)
    {
    picL=*(p+i*2);                    //数据低位在前
        picH=*(p+i*2+1);              //数据高位在后
        //高低位合并循环先自左到右,再从上到下画点
        ILI9486_DrawPoint_16Bit(picH<<8|picL);
    }
    //恢复显示窗口为全屏
    ILI9486_SetWindows(0,0,lcddev.width-1,lcddev.height-1);
}
uint16_t ColorTab[5]={BRED,YELLOW,RED,GREEN,BLUE};    //定义颜色数组
//功能:绘制测试界面
//参数:str 为字符串指针,color 为测试界面初始颜色
void GUI_Draw_Test_Page(char *str,uint16_t color)
{
    GUI_Fill(0,0,lcddev.width,20,BLUE);                         //绘制上方固定栏
    GUI_Fill(0,lcddev.height-20,lcddev.width,lcddev.height,BLUE);
                                                                //绘制下方固定栏
    POINT_COLOR=WHITE;                                          //设置画笔颜色为白色
    GUI_StrCenter(0,2,WHITE,BLUE,str,16,1);                     //居中显示字串符
    //下方固定栏居中显示"百科荣创 www.R8C.com"
    GUI_StrCenter(0,lcddev.height-18,WHITE,BLUE," 百科荣创 www.R8C.com",16,1);
    GUI_Fill(0,20,lcddev.width,lcddev.height-20,color);
                                                                //绘制测试区域(color)
}
//功能:开机界面,显示的具体内容见函数内部注释
void GUI_Pic_OpenDev(void)
{
    GUI_Fill(0,0,320,480,WHITE);
    //画出一个蓝色边框的矩形,矩形必须明确 2 个坐标,左上角坐标为(0,0),其对角线坐标为
       (320,60),即矩形高度为 60
    GUI_DrawFillRectangle(0,0,320,60,BLUE);
    //在坐标为(0,14)处显示蓝底白字的校训,字号为 32,填充模式
    GUI_StrCenter(0,14,WHITE,BLUE,"知行合一 德技双馨",32,0);
    //在水平方向为 60 像素,垂直方向为 80 像素的位置开始显示一张 200×200 校徽图片
    GUI_Drawbmp16(60,80,gImage_1);
    //在坐标为(0,310)处显示实训科目,字号为 32,填充模式
    GUI_StrCenter(0,310,BLACK,WHITE,"嵌入式技术综合实训",24,0);
    //画出一个蓝色边框的矩形,矩形必须明确 2 个坐标,左上角坐标为(0,380),其对角线坐标为
       (320,480),即矩形高度为 100
    GUI_DrawFillRectangle(0,380,320,480,BLUE);
    //底部坐标处显示 KEY0 功能
    GUI_StrCenter(0,387,WHITE,BLUE,"KEY0: 超声波测距",24,0);
    //底部坐标处显示 KEY1 功能
    GUI_StrCenter(0,418,WHITE,BLUE,"KEY1: 红外测温度",24,0);
    //底部坐标处显示 KEY2 功能
    GUI_StrCenter(0,449,WHITE,BLUE,"KEY2: 核心价值观",24,0);
}
```

（10）在 myLcd.h 中编程。

```
#ifndef __GUI_H_
#define __GUI_H_
#include "stm32f1xx_hal.h"                                    //存放绘图函数
void GUI_DrawPoint(uint16_t x,uint16_t y,uint16_t c);          //基础 GUI 绘点函数
//基础 GUI 矩形区域填色函数
void GUI_Fill(uint16_t sx,uint16_t sy,uint16_t ex,uint16_t ey,uint16_t c);
//基础 GUI 画线函数
void GUI_DrawLine(uint16_t x1, uint16_t y1, uint16_t x2, uint16_t y2, uint16_t c);
//基础 GUI 画矩形(非填充)函数
void GUI_DrawRectangle(uint16_t x1, uint16_t y1, uint16_t x2, uint16_t y2 ,uint16_t c);
//基础 GUI 画矩形(填充)函数
void GUI_DrawFillRectangle(uint16_t x1, uint16_t y1, uint16_t x2, uint16_t y2, uint16_t c);
//显示单个英文字符函数
void GUI_ShowChar(uint16_t x, uint16_t y, uint16_t fc, uint16_t bc, uint8_t num, uint8_t size, uint8_t mode);
//显示单个 16×16 中文字体函数
void GUI_DrawFont16(uint16_t x, uint16_t y, uint16_t fc, uint16_t bc, char *s, uint8_t mode);
//显示单个 24×24 中文字体函数
void GUI_DrawFont24(uint16_t x, uint16_t y, uint16_t fc, uint16_t bc, char *s, uint8_t mode);
//显示单个 32×32 中文字体函数
void GUI_DrawFont32(uint16_t x, uint16_t y, uint16_t fc, uint16_t bc, char *s, uint8_t mode);
//显示一个字符串函数(包含中英文显示)
void GUI_Show_Str(uint16_t x, uint16_t y, uint16_t fc, uint16_t bc, char *str, uint8_t size, uint8_t mode);
//居中显示一个字符串函数(包含中英文显示)
void GUI_StrCenter(uint16_t x, uint16_t y, uint16_t fc, uint16_t bc, char *str, uint8_t size, uint8_t mode);
//显示 BMP 图像函数,默认 40×40
void GUI_Drawbmp16(uint16_t x,uint16_t y,const uint8_t *p);
void GUI_Draw_Test_Page(char *str,uint16_t color);              //绘制测试界面函数
void GUI_Pic_OpenDev(void);                                     //显示开机画面
#endif
```

3. 基于 STM32F103 嵌入式实验箱运行

（1）使用 20 针排线将 3.5 英寸 TFT 液晶屏模块的 J2 接口与 STM32 核心板的 PD 接口相连，3.5 英寸 TFT 液晶屏模块的 J3 接口与 STM32 核心板的 PC 接口相连。

（2）将 IFI.hex 烧写到 STM32F103VCT6 芯片的 Flash 中，单击 Reset 按钮。

9.2 PWM 控制直流电动机

9.2.1 直流电动机与 H 桥电路

1. 单 H 桥电路

直流电动机是一种常见的动力源,在很多情况下需要用到直流电动机带动执行机构做

各种复杂动作,常需要直流电动机能够做正反转运动。直流电动机与 H 桥电路如图 9-9 所示,直流电动机有 A、B 两个端子。当开关 K1、K4 闭合,K2、K3 断开时,直流电动机正转;当开关 K2、K3 闭合,K1、K4 断开时,直流电动机反转;当 4 个开关全部断开时,直流电动机停止。此外,H 桥电路还支持直流电动机制动和直流电动机空转等操作。

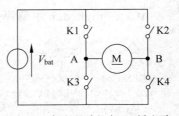

图 9-9　直流电动机与 H 桥电路

2. 双 H 桥芯片 L298

市面上有许多种 H 桥芯片,这里介绍其中一种——L298。L298 是 ST 公司出品的一种双 H 桥芯片,即片内集成两个独立的 H 桥,可同时驱动两只最高电压 46V、最大电流 2A 直流电动机。L298 典型应用电路如图 9-10 所示,控制信号为 5V TTL 电平,驱动电压为 5～46V,控制电路由 VCC 供电,驱动电路由 VS 供电。

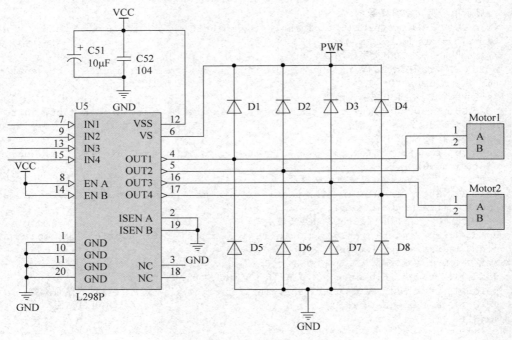

图 9-10　L298 典型应用电路

L298 各引脚功能如下。

(1) ENA 引脚为 H 桥 A 的使能引脚,当 ENA 引脚接高电平时,使能 H 桥 A,而当 ENA 引脚接低电平时,禁止 H 桥 A。实际使用中,往往将 ENA 引脚与 PWM 信号相连,用于调节 H 桥 A 控制的直流电动机(Motor1)的转速。

(2) ENB 引脚为 H 桥 B 的使能引脚,当 ENB 引脚接高电平时,使能 H 桥 B,而当 ENB 引脚接低电平时,禁止 H 桥 B。实际使用中,往往将 ENB 引脚与 PWM 信号相连,用于调节 H 桥 B 控制的直流电动机(Motor2)的转速。

(3) ISEN A 引脚为 H 桥 A 的驱动检测引脚,用于进行过流检测,并将检测结果反馈给控制器形成闭环以稳定电动机转速,具体应用可参考相关技术文档。若不用,可直接接地。

(4) ISEN B 引脚为 H 桥 B 的驱动检测引脚,功能与 ISEN A 类似,不再赘述。

(5) IN1~IN4 为两个 H 桥的方向控制信号输入端,其中 IN1、IN2 控制 H 桥 A,IN3、IN4 控制 H 桥 B,具体如表 9-11 所示。

表 9-11 方向控制表

IN1	IN2	Motor1 状态	IN3	IN4	Motor2 状态
H	L	正转	H	L	正转
L	H	反转	L	H	反转
L	L	停止	L	L	停止

注:H 表示高电平,L 表示低电平。

(6) OUT1~OUT4 为两个 H 桥的输出端,用来连接两台直流电动机。其中 OUT1、OUT2 用来连接 Motor1,OUT3、OUT4 用来连接 Motor2。

通过调节 ENA 的输入电压,就可以调节 OUT1、OUT2 的输出电压,从而控制 Motor1 的转速;通过调节 ENB 的输入电压,就可以调节 OUT3、OUT4 的输出电压,从而控制 Motor2 的转速。

图 9-10 中的 8 只整流二极管作用是防止电动机转向改变时产生的冲击电流损坏 L298 芯片,仿真无须考虑这个问题。

值得注意的是,L298 的控制电路的工作电压是 5V,而 STM32 的工作电压只有 3.3V,为了让 L298 能正确识别 STM32 发出的控制信号,采用实物验证时,应选择具备 FT(Five V Tolerate)特性的 GPIO 引脚,并将引脚设为开漏模式,同时外接上拉电阻到 5V 电源正极。

注意:具备 FT 特性的 GPIO 引脚兼容 3.3V 和 5V 的电压。判断 GPIO 引脚是否具有 FT 特性,主要通过查阅 STM32 芯片的数据手册中的引脚描述表,查找是否有 FT 标志。

9.2.2 基于 Proteus 虚拟仿真的直流电动机控制实训

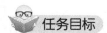

通过 5 个按钮控制直流电动机的运行状态,5 个按钮的作用分别是:电动机正转、电动机反转、电动机停止、电动机加速和电动机减速,其中电动机加速、减速分别以 10% 的 PWM 占空比作为递增量、递减量。每当按下一个按钮时,将在虚拟终端显示当前的 PWM 占空比。如图 9-11 所示,要求使用 Proteus 软件进行虚拟仿真,使用 TIM3 的 CH2 通道就产生 PWM 信号,通道模式选择 PWM1,通道极性选择 LOW。

(1) 虚拟电路使用的元器件如表 9-12 所示。

表 9-12 虚拟电路使用的元器件

模式类别	元器件名称	说　　明
元器件模式	BUTTON	按钮
	L298	双 H 桥芯片 L298
	MOTOR-DC	直流电动机
	RES	电阻
	STM32F103R6	STM32 单片机

续表

模式类别	元器件名称	说明
激励源模式	DC	直流电
虚拟仪器模式	VIRTUAL TERMINAL	虚拟终端
二维文本图形模式 A	2D GRAPHIC	二维文本图形

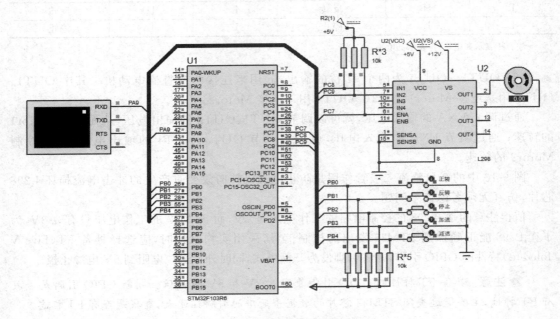

图 9-11 直流电动机的控制仿真电路

（2）STM32 单片机的 PA9 引脚复用为 USART1 串口的 TX 引脚。

（3）STM32 单片机的 PC7 引脚复用为 TIM3_CH2，当 TIM3 的计数值由 0 向上计数到最大值时，就完成一个计数周期。在此周期内，TIM3 的 CH2 通道就产生一个 PWM 信号。

（4）外部中断的触发方式：每个按钮都是外部中断源，使用的中断线分别是 EXTI0～EXTI4。当按钮断开时，向相应的中断线输入高电平；当按钮按下时，向相应的中断线输入的电平由 1 变为 0（即下降沿）。当相应的中断线捕获到下降沿信号时，就会向 Cortex-M3 发出中断请求，这称为下降沿触发。

任务实现

1. 使用 STM32CubeMX 新建 STM32 工程

（1）双击 STM32Cube MX 图标，在主界面中选择 File→New Project 菜单命令，在 Commercial Part Number 右边的下拉框中输入 STM32F103R6。

（2）单击 Pinout & Configuration 选项卡，分别设置 PA9、PB0～PB4、PC7～PC9 引脚的工作模式，如图 9-12 所示。

（3）在 Categories（分类）页面中依次选择 System Core→GPIO，将 PC8、PC9 设置成开漏输出模式，不需要选择上拉或下拉，如图 9-13 所示。

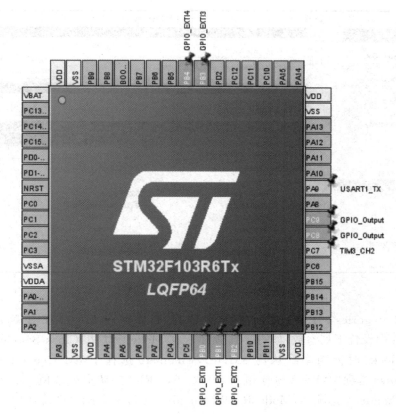

图 9-12　设置引脚的工作模式

Pin ...	Signal...	GPI...	GPIO mode	GPIO Pull-up/Pull-down	Maximum ...	User Label	Modified
PB0	n/a	n/a	External Interrupt Mode...	Pull-up	n/a		☑
PB1	n/a	n/a	External Interrupt Mode...	Pull-up	n/a		☑
PB2	n/a	n/a	External Interrupt Mode...	Pull-up	n/a		☑
PB3	n/a	n/a	External Interrupt Mode...	Pull-up	n/a		☑
PB4	n/a	n/a	External Interrupt Mode...	Pull-up	n/a		☑
PC8	n/a	Low	Output Open Drain	No pull-up and no pull-down	Low		☑
PC9	n/a	Low	Output Open Drain	No pull-up and no pull-down	Low		☑

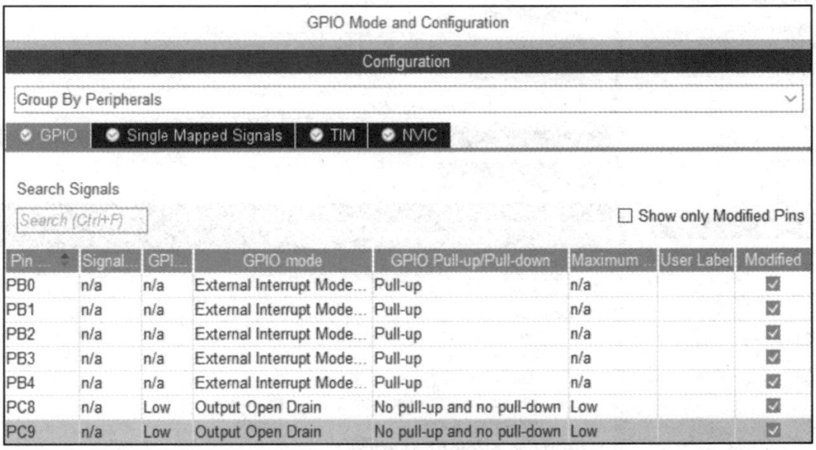

图 9-13　将引脚设置为开漏输出模式

本任务使用 2 个内置外设：USART1、TIM3，必须对内置外设初始化。

(4) 在 Categories(分类)页面中依次选择 Connetivity→USART1，在 USART1 Mode and Configuration 页面中将 Mode 设置为 Asynchronous(异步通信)；然后选择 Parameter Settings，设置串口的参数，如图 9-14 所示。

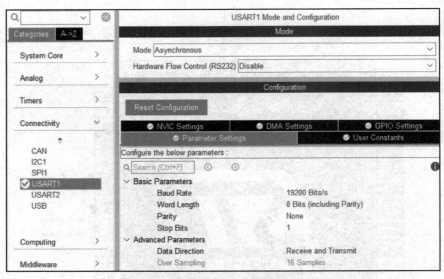

图 9-14　设置 USART1 的参数

（5）在 Categories（分类）页面中依次选择 Timers → TIM3，在 TIM3 Mode and Configuration 中设置下列参数，如图 9-15 所示。在 Mode 板块中，Clock Source（时钟源）选择 Internal Clock（时钟频率默认为 8MHz），Channel2 选择 PWM Generation CH2；在 Counter Settings 选项中，PSC（预分频系数）取 79，ARR（自动重装载值）取 99；在 PWM Generation Channel 2 选项中，Mode 取 PWM mode 1，CH Polarity（极性）取 Low。

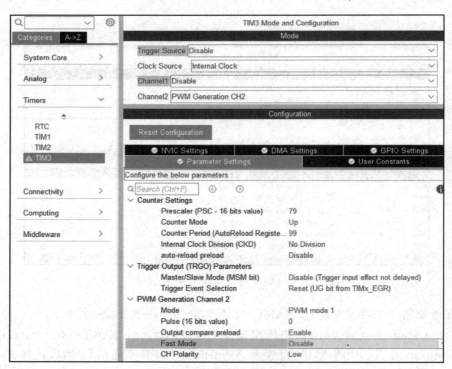

图 9-15　为 TIM3 设置参数

根据定时器计数参数，求出计数周期如下：

$$T_{\text{CNT}}(\text{ARR}+1) = \frac{(\text{PSC}+1)(\text{ARR}+1)}{f_{\text{CLK}}} = \frac{(79+1)\times(99+1)}{8\times10^6} = 1(\text{ms})$$

若设置中断线，必须为中断线映射的引脚设置参数，并为中断线设置优先级。

（6）在 Categories（分类）页面中依次选择 System Core→GPIO，为中断线映射的引脚 PB0～PB4 设置参数。这里触发方式选择 External Interrupt Mode with Falling edge trigger detection（下降沿触发）；拉选择 Pull-up（上拉），如图 9-16 所示。

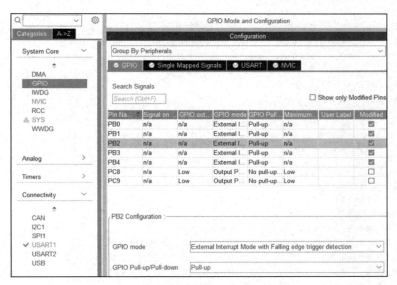

图 9-16　为中断线映射的引脚设置参数

（7）选择 System Core→NVIC，确定一个优先级组，设置 EXTI0～EXTI4 的优先级和使能。这里，优先级组选择 0 组；5 个中断线抢占优先级均为 0 级；响应优先级：EXTI0 为 0 级，EXTI1 为 1 级，EXTI2 为 2 级，EXTI3 为 3 级，EXTI4 为 4 级，如图 9-17 所示。

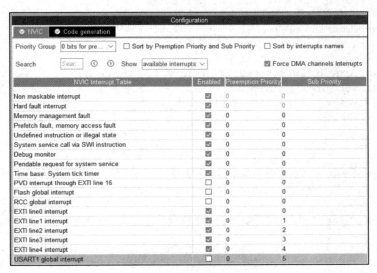

图 9-17　为中断线设置优先级

(8) 单击 Project Manager 选项卡。在 Project Name 中输入 Code；Project Location 设置为 "E:\Users\chen\Desktop\STM32\9.2\"；在 Toolchain/IDE 中选择 MDK-ARM。

2. 在 Keil MDK 中配置 STM32 工程，并编程

main.c 程序如下。

```c
#include "main.h"
#include "stdio.h"
TIM_HandleTypeDef htim3;
UART_HandleTypeDef huart1;
uint8_t cmpv=80;                    //捕获/比较值
uint8_t rf=0;                       //中断标志位
void SystemClock_Config(void);
static void MX_GPIO_Init(void);
static void MX_TIM3_Init(void);
static void MX_USART1_UART_Init(void);
int main(void)
{
  char str[4];
  HAL_Init();
  SystemClock_Config();
  MX_GPIO_Init();
  MX_TIM3_Init();
  MX_USART1_UART_Init();
  HAL_TIM_PWM_Start(&htim3,TIM_CHANNEL_2);
  __HAL_TIM_SET_COMPARE(&htim3,TIM_CHANNEL_2,cmpv);
  HAL_GPIO_WritePin(GPIOC, GPIO_PIN_8, GPIO_PIN_RESET);
  HAL_GPIO_WritePin(GPIOC, GPIO_PIN_9, GPIO_PIN_RESET);
  float arr=htim3.Init.Period+1;    //最大值
  float dc;                         //占空比
  while (1)
  {
    if(rf==1)
    { uint8_t PWM[11]="Duty cycle:";
         //Cortex-M3 向串口发送 11 个字节的数据
      HAL_UART_Transmit(&huart1,PWM,11,11);
      dc=cmpv/arr*100;
         //把 dc 值转化为字符串写入字符数组中
      sprintf(str,"%.0f",dc);
      HAL_UART_Transmit(&huart1,(uint8_t *)str,3,3);
      uint8_t nr[3]="%\n\r";
      HAL_UART_Transmit(&huart1,nr,3,3);
      rf=0;
    }
  }
}
//由中断线的中断服务函数自动调用中断回调函数
void HAL_GPIO_EXTI_Callback(uint16_t GPIO_Pin)
{
    if (GPIO_Pin==GPIO_PIN_0)       //正转按钮
    {
        HAL_GPIO_WritePin(GPIOC, GPIO_PIN_8, GPIO_PIN_SET);
        HAL_GPIO_WritePin(GPIOC, GPIO_PIN_9, GPIO_PIN_RESET);
```

```
            rf=1;
        }
        else if(GPIO_Pin==GPIO_PIN_1)    //反转按钮
        {
            HAL_GPIO_WritePin(GPIOC, GPIO_PIN_8, GPIO_PIN_RESET);
            HAL_GPIO_WritePin(GPIOC, GPIO_PIN_9, GPIO_PIN_SET);
            rf=1;
        }
        else if(GPIO_Pin==GPIO_PIN_2)    //停止按钮
        {
            HAL_GPIO_WritePin(GPIOC, GPIO_PIN_8|GPIO_PIN_9, GPIO_PIN_RESET);
        }
        else if(GPIO_Pin==GPIO_PIN_3)    //加速按钮:PWM占空比增大
        {
            if(cmpv<100) cmpv+=10;
            __HAL_TIM_SET_COMPARE(&htim3,TIM_CHANNEL_2,cmpv);
            rf=1;
        }
        else if(GPIO_Pin==GPIO_PIN_4)    //减速按钮:PWM占空比减少
        {
            if(cmpv>0) cmpv-=10;
            __HAL_TIM_SET_COMPARE(&htim3,TIM_CHANNEL_2,cmpv);
            rf=1;
        }
}
```

程序解释:

(1) 当按下"正转"按钮时,L298芯片的IN1、IN2引脚分别输入1、0,从而实现直流电动机正转。

(2) 当按下"反转"按钮时,L298芯片的IN1、IN2引脚分别输入0、1,从而实现直流电动机反转。

(3) 当按下"停止"按钮时,L298芯片的IN1、IN2引脚分别输入0、0,从而实现直流电动机停止。

(4) 每当按下"加速"按钮时,$CCRx$ 的值自动加10,PWM占空比 $D=CCRx/ARR$ 增加10%,TIM3_CH2(与PC7复用)引脚向L298芯片的ENA引脚输入的电压增加,从OUT1、OUT2输出的电压也增加,从而实现直流电动机提速。

(5) 每当按下"减速"按钮时,$CCRx$ 的值自动减10,PWM占空比 $D=CCRx/ARR$ 减少10%,TIM3_CH2(与PC7复用)引脚向L298芯片的ENA引脚输入的电压减少,从OUT1、OUT2输出的电压也减少,从而实现直流电动机减速。

3. 使用Proteus软件仿真

(1) 使用Proteus软件绘制如图9-11所示的仿真电路,存入"E:\Users\chen\Desktop\STM32\9.2\新工程.pdsprj"中。

(2) 双击STM32F103R6芯片,在Program File中选择STM32工程生成的hex文件。

(3) 在原理图绘制窗口单击"播放"按钮,仿真运行STM32工程。

(4) 首先断开5个按钮,然后依次按下每一个按钮,仔细观察每个按钮按下时直流电动机转速的变化。

（5）若没有弹出 Virtual Terminal 对话框，则选择"调试"菜单的 Virtual Terminal（虚拟终端）命令，如图 9-18 所示。

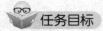

图 9-18　虚拟终端显示

9.2.3　基于 STM32F103 嵌入式实验箱的直流电动机控制实训

任务目标

在实验箱中，使用 20 针排线将核心板的 PE 接口与 LCD12864 显示模块的 J2 接口相连接，将核心板的 PA 接口与电动机控制模块的 J3 接口相连接，如图 9-19 所示。通过核心板的按键 S1、S2 控制电动机控制模块的直流电动机的转速（由 0 变到 1000），按下 S1 时，电动机加速，每按一次增加 100，按下 S2 时，电动机减速，每按一次减少 100，同时，LCD12864 液晶显示模块显示当前的电动机速度。项目启动时液晶屏的显示如图 9-20 所示。

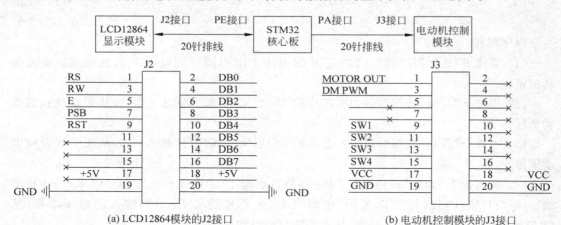

(a) LCD12864 模块的 J2 接口　　　　　　(b) 电动机控制模块的 J3 接口

图 9-19　模块间的接口连接

图 9-20　项目启动时液晶屏的显示

任务说明

（1）TIM2 的 CH2 通道能够产生 PWM 信号。当该路 PWM 信号复用到 PA1 引脚后，通过 PA1 引脚接入电动机控制模块的 DM PWM 引脚。通过改变 PWM 占空比，就可以控制直流电动机的转速。占空比越小，DM PWM 引脚输出电压越小，加在直流电动机两端电压就越高，电动机转速越大，如图 9-21 所示。

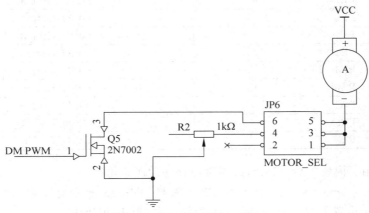

图 9-21 电动机控制电路图

（2）为了接通直流电动机，需要使用跳线帽把 JP6 最上面印有 PWM 的两只脚（6 脚和 5 脚）短接起来。

（3）在 STM32 核心板中，按键 S1 与 PD3 连接，按键 S2 与 PD2 连接，如图 9-22 所示。

（4）LCD12864 显示模块需要使用 5 位控制线：RS、RW、E、PSB、RST，8 位并行数据总线：DB0～DB7，通过控制这 13 个端口对 LCD12864 显示模块上的集成控制芯片发送指令，最终达到实验要求的显示效果，如表 9-13 所示。

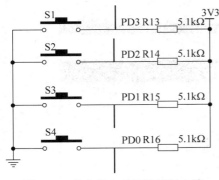

图 9-22 核心板上的按键控制电路

表 9-13 核心板与 LCD12864 显示模块的引脚连接

STM32 核心板	LCD12864 显示模块
PE0	RS
PE1	RW
PE2	E
PE3	PSB
PE4	RST
PE8～PE15	DB0～DB7

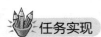

1. 使用 STM32CubeMX 新建 STM32 工程

（1）双击 STM32Cube MX 图标，在主界面中选择 File→New Project 菜单命令，在 Commercial Part Number 右边的下拉框中输入 STM32F103VCT6。

(2) 单击 Pinout & Configuration 选项卡,分别设置 PE0~PE4、PE8~PE15、PA0~PA1、PD2~PD3 引脚的工作模式,如表 9-14 所示。

表 9-14　设置 STM32 相关引脚的工作模式

引　　脚	工作模式
PE0	GPIO_Output
PE1	GPIO_Output
PE2	GPIO_Output
PE3	GPIO_Output
PE4	GPIO_Output
PE8~PE15	GPIO_Output
PA0	GPIO_Output
PA1	TIM2_CH2
PD2	GPIO_EXTI2
PD3	GPIO_EXTI3

本任务使用了内置外设 TIM2,必须对内置外设初始化。

(3) 在 Categories(分类)页面中依次选择 Timers → TIM2,在 TIM2 Mode and Configuration 中设置下列参数,如图 9-23 所示。在 Mode 板块中,Clock Source(时钟源)选择 Internal Clock(时钟频率默认为 72MHz),Channel2 选择 PWM Generation CH2;在 Counter Settings 选项中,PSC(预分频系数)取 719,ARR(自动重装载值)取 999;在 PWM Generation Channel 2 选项中,Mode 取 PWM mode 1,CH Polarity(极性)取 High。

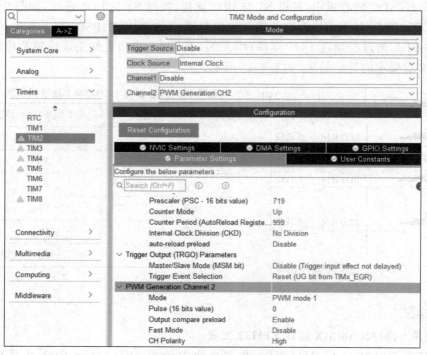

图 9-23　为 TIM3 设置参数

根据定时器计数参数,求出计数周期如下:

$$T_{\mathrm{CNT}}(\mathrm{ARR}+1)=\frac{(\mathrm{PSC}+1)(\mathrm{ARR}+1)}{f_{\mathrm{CLK}}}=\frac{(719+1)\times(999+1)}{72\times10^{6}}=0.01\mathrm{s}=10(\mathrm{ms})$$

若设置中断线,必须为中断线映射的引脚设置参数,并为中断线设置优先级。

(4) 在 Categories(分类)页面中依次选择 System Core→GPIO,为中断线映射的引脚 PD2~PD3 设置参数。这里触发方式选择 External Interrupt Mode with Falling edge trigger detection(下降沿触发);拉选择 Pull-up(上拉),如图 9-24 所示。

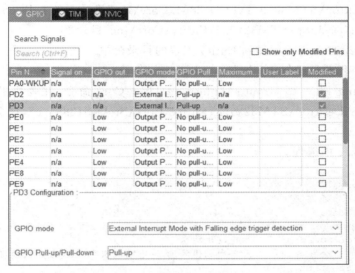

图 9-24　为中断线映射的引脚设置参数

(5) 选择 System Core→NVIC,确定一个优先级组,设置 EXTI2、EXTI3 的优先级和使能。这里,优先级组选择 0 组;2 个中断线抢占优先级均为 0 级;响应优先级:EXTI2 为 0 级,EXTI3 为 1 级,如图 9-25 所示。

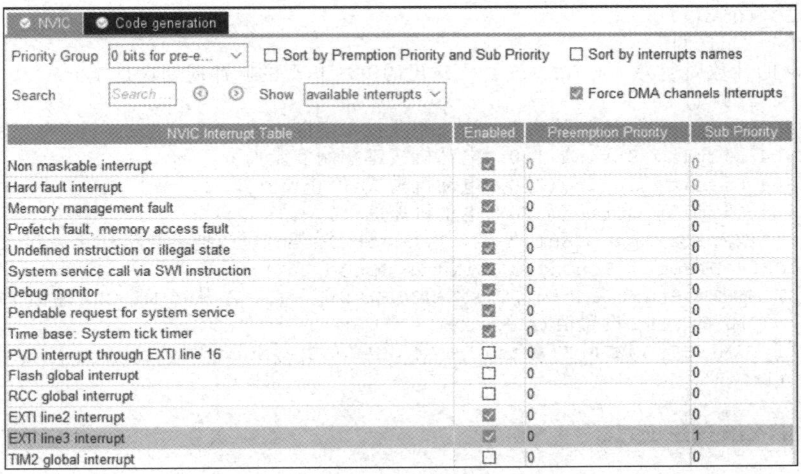

图 9-25　为中断线设置优先级和使能

(6) 单击 Project Manager 选项卡。在 Project Name 中输入 Entity；在 Project Location 中设置"E:\Users\chen\Desktop\STM32\9.2\"；在 Toolchain/IDE 中选择 MDK-ARM。

2. 在 Keil MDK 中配置 STM32 工程，并编程

(1) 复制 lcd12864.c 文件和 lcd12864.h 文件。

把"E:\Users\chen\Desktop\STM32\9.1\LCD12864\Core\Src"目录下的 lcd12864.c 文件复制到"E:\Users\chen\Desktop\STM32\9.2\Entity\Core\Src"目录下。把"E:\Users\chen\Desktop\STM32\9.1\LCD12864\Core\Inc"目录下的 lcd12864.h 文件复制到"E:\Users\chen\Desktop\STM32\9.2\Entity\Core\Inc"目录下。

(2) 将 lcd12864.c 文件添加到 Entity 工程的目录树中。

在 Entity 工程的目录树中，右击 Application/User/Core 分组，在弹出的快捷菜单中，选择 Add Existing Files to Group Application/User/Core 命令，在弹出的对话框中选择"E:\Users\chen\Desktop\STM32\9.2\Entity\Core\Src\lcd12864.c"，把 lcd12864.c 添加到目录树中。

(3) 在 main.c 中编程。

```
include "main.h"
#include "lcd12864.h"
#include "stdio.h"
TIM_HandleTypeDef htim2;
int16_t Motor_Speed=0;        //电动机转速
uint8_t Motor_Mode = 0;       //0-电动机停止,1-电动机加速,2-电动机满速,3-电动机减速
char Motor_Speed_Buf[20];
void SystemClock_Config(void);
static void MX_GPIO_Init(void);
static void MX_TIM2_Init(void);
int main(void)
{
  HAL_Init();
  SystemClock_Config();
  MX_GPIO_Init();
  LCD12864_Init();
  //TIM2 的计数周期为 10ms,TIM2_CH2 输出的 PWM 信号的脉冲周期也是 10ms
  MX_TIM2_Init();
  LCD12864_Display_String(0,0,"汕头职业技术学院");
  LCD12864_Display_String(1,0,"电动机按键控制实验");
  LCD12864_Display_String(2,0,"电动机模式:停止");
  LCD12864_Display_String(3,0,"电动机速度:");
    sprintf(Motor_Speed_Buf,"%d   ",Motor_Speed);  //把参数格式化后写入字符数组中
    LCD12864_Display_String(3,5,Motor_Speed_Buf);
    HAL_TIM_PWM_Start(&htim2,TIM_CHANNEL_2);        //从 TIM2_CH2 输出 PWM 信号
    //为 TIM2 的 CCR2 设置值(ARR=999)
    __HAL_TIM_SET_COMPARE(&htim2,TIM_CHANNEL_2,Motor_Speed);
  while (1)
  {
    switch(Motor_Mode)
    {
      case 0: LCD12864_Display_String(2,5,"停止");break;
      case 1: LCD12864_Display_String(2,5,"加速");break;
```

```c
            case 2: LCD12864_Display_String(2,5,"满速");break;
            case 3: LCD12864_Display_String(2,5,"减速");
        }
        sprintf(Motor_Speed_Buf,"%d   ",Motor_Speed);
        LCD12864_Display_String(3,5,Motor_Speed_Buf);
    }
}
//由中断线的中断服务函数自动调用中断回调函数
void HAL_GPIO_EXTI_Callback(uint16_t GPIO_Pin)
{
    if(GPIO_Pin==GPIO_PIN_3)    //加速按钮 S1
    {
        Motor_Speed = Motor_Speed + 100;
        if(Motor_Speed<=999)
        {
            __HAL_TIM_SET_COMPARE(&htim2,TIM_CHANNEL_2,Motor_Speed);
            Motor_Mode=1;              //电动机加速
        }
        else
        {
            Motor_Speed=1000;
            __HAL_TIM_SET_COMPARE(&htim2,TIM_CHANNEL_2,Motor_Speed);
            Motor_Mode=2;              //电动机满速
        }
    }
    if(GPIO_Pin==GPIO_PIN_2)    //减速按钮 S2
    {
        Motor_Speed = Motor_Speed-100;
        if(Motor_Speed>=0)
        {
            __HAL_TIM_SET_COMPARE(&htim2,TIM_CHANNEL_2,Motor_Speed);
            Motor_Mode=3;              //电动机减速
        }
        else
        {
            Motor_Speed=0;
            __HAL_TIM_SET_COMPARE(&htim2,TIM_CHANNEL_2,Motor_Speed);
            Motor_Mode=0;
        }
    }
}
```

main.c 程序解释如下。

(1) 项目启动时液晶屏的显示如图 9-20 所示。

(2) S1、S2 按钮是外部中断源，每当按下 S1、S2 按钮时，PD3、PD2 的输入电平由 1 变 0(下降沿)，S1、S2 分别向 Cortex-M3 发出中断请求，Cortex-M3 自动调用中断线的中断服务函数。

(3) 每当按下 S1 按钮时，__HAL_TIM_SET_COMPARE()函数中的 CCRx 的值自动加上 100。因通道模式是 PWM1、通道极性为 HIGH，所以 PWM 占空比 $D=1-CCRx/ARR$，即占空比减小，向直流电动机负极输入的电位减小，直流电动机两端的电压增加，因而直流电动机的转速加快。

(4) 每当按下 S2 按钮时，__HAL_TIM_SET_COMPARE()函数中的 CCRx 的值自动减去 100。因通道模式是 PWM1、通道极性为 HIGH，所以 PWM 占空比 $D=1-\text{CCR}x/\text{ARR}$，即占空比增加，向直流电动机负极输入的电位增加，直流电动机两端的电压减小，因而直流电动机的转速减慢。

3．基于 STM32F103 嵌入式实验箱运行

(1) 使用 20 针排线将核心板的 PE 接口与 LCD12864 显示模块的 J2 接口相连接，将核心板的 PA 接口与电动机控制模块的 J3 接口相连接。

(2) 将 Entity.hex 烧写到 STM32F103VCT6 芯片的 Flash 中，单击 Reset 按钮。

(3) 分别按下 S1、S1 按钮，观察液晶屏上的显示。

9.3　STM32 单片机超声波测距

9.3.1　超声波测距原理

1．认识超声波模块

超声波模块有发射源 T、接收器 R 及 4 只引脚，分别是 VCC、Trig、Echo、Gnd。VCC 和 Gnd 是一对电源引脚和地引脚，Trig 是触发引脚，Echo 是回响信号引脚，如图 9-26 所示。超声波测距模块可以提供 2～400cm 的非接触式距离感测功能，测距精度最高可以达到 3mm。

图 9-26　超声波模块

超声波模块的工作原理如下。

(1) STM32 首先向 Trig 引脚输入一个大于 $10\mu s$ 的高电平信号。

(2) 发射源 T 立即发送 8 个 40kHz 的超声波信号（仿真电路自动发送，实物电路人工发送），信号发出后，自动拉高 Echo 引脚的电平。

(3) 发出去的超声波遇到障碍物会反射给接收器 R，此时自动拉低 Echo 引脚电平。那么 Echo 引脚上高电平持续的时间，就是信号从发射源 T 发出算起，直到接收器 R 收到为止。

2．模块时序图

模块时序图如图 9-27 所示。

3．超声波测距原理

超声波信号从发射源 T 发送出去，遇到障碍物后再返回接收器 R 止，回响信号引脚 Echo 均维持高电平。设回响信号高电平持续时间为 T_{us}（单位：微秒），发射源和障碍物的距离为 S，则超声波测距公式为

$$S = 340 \times T_{us} \times 10^{-6}/2 = 170 T_{us}/10^6$$
$$= 170 T_{us}/10^4 = T_{us}/58 \text{ (cm)}$$

注意：一般情况下，超声波持续时间以微秒为单位，测距以厘米为单位。超声波测距时发射的超声波频率为 40kHz、声波在空气中的传播速度为 340m/s。

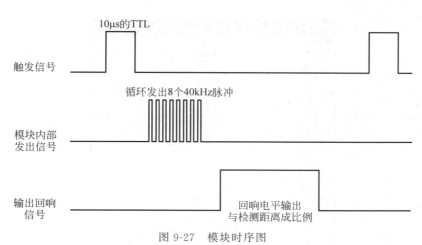

图 9-27　模块时序图

9.3.2　超声波测距公式验证

1. 仿真电路

将超声波模块 U2 的触发引脚 TR 和回响信号引脚 ECHO 分别连接示波器的 B、A 引脚，在 TR 引脚上加上 $100\mu s$ 的触发脉冲，假设超声波测距（发射源 T 与障碍物的距离 S）预设值为 25cm，如图 9-28 所示。其中，超声波模块使用 HCSR04，示波器使用 OSCILLOSCOPE，触发脉冲使用 DPULSE。

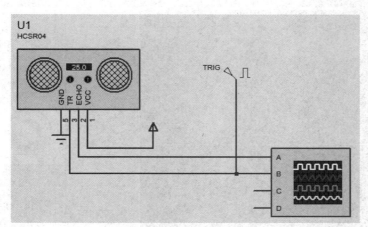

图 9-28　超声波测距公式验证

2. 仿真测距步骤

1）设置元器件属性

（1）设置传感器测距预设值（cm）：25。

（2）设置触发脉冲 TRIG 的属性。数字类型：单脉冲；脉冲属性：正脉冲；开始时间（秒）"500m"；脉冲宽度（秒）"100u"，如图 9-29 所示。

2）运行工程

若未显示示波器，则选中"调试/Digital Oscillosope"，立即显示示波器。

图 9-29 触发脉冲的属性

3）示波器的位置选择

将示波器 Horizontal 中的 Position 红色标记对准 20~50，旋转盘中的红色标记旋转到 0.1ms（即脉冲宽度 100μs）；Trigger 中的红色标记对准 0，如图 9-30 所示。

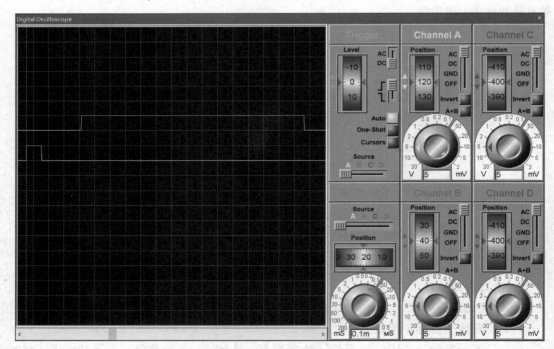

图 9-30 示波器位置选择

4）重新运行工程

重新运行工程，当看到触发信号和回响信号时，立即暂停工程的运行。

5）测试触发信号和回响信号的脉冲宽度

选择示波器的 Cursors（游标），分别测试触发信号和回响信号的脉冲宽度，如图 9-31 所示（在信号左边按住左键，拖动鼠标到信号右边，再单击一次左键）。

图 9-31　测试触发信号和回响信号的脉冲宽度

在图 9-31 中，蓝色表示触发信号，高电平持续时间为 $100\mu s$；黄色表示回响信号，高电平持续时间为 1.45ms，即 $1450\mu s$，即 $T_{us}=1450\mu s$。

$$T_{us}/58 = 1450/58 = 25(\text{cm})$$

与超声波模块 U1 的预设值 25cm 一致，从而验证超声波测距公式：$S=T_{us}/58$ 的正确性。

9.3.3　基于 Proteus 虚拟仿真的超声波测距

任务目标

使用 STM32 作为控制器，将超声波传感器测定的距离显示在液晶屏上。液晶屏分 3 行显示：第 1 行显示 Ultrasonic；第 2 行显示超声波回响信号持续高电平的微秒数；第 3 行显示经计算的发射源和障碍物的距离。如图 9-32 所示，使用 Proteus 软件进行虚拟仿真。其中，超声波模块使用 HCSR04，液晶显示模块使用 OLED1286412，电阻使用 RES。

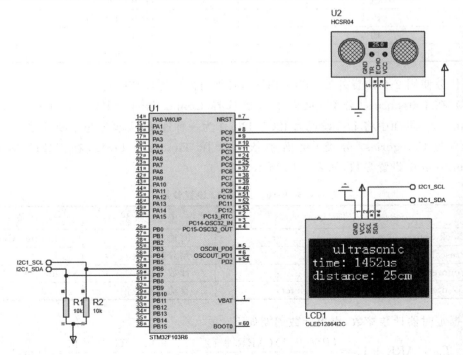

图 9-32　超声波测距仿真电路

任务说明

(1) 当 PC0 引脚向超声波模块 TR 引脚输入一个大于 $10\mu s$ 的高电平信号时，发射源 T 自动发送 8 个 40kHz 的超声波信号（仿真电路无须代码），信号发出后，就自动拉高 ECHO 引脚的电平（仿真电路无须代码）。

(2) 当 ECHO 引脚（连接 PC1）电平为上升沿时，就产生中断线外部中断，自动调用中断服务函数。启动 TIM2，在使能更新中断前提下，每经过一个计数周期就调用一次 TIM2 中断服务函数，并记录调用次数。

(3) 发送出去的超声波遇到障碍物会反射给接收器 R，此时自动拉低 ECHO 引脚电平。

(4) 当 ECHO 引脚电平为下降沿时，就产生中断线外部中断，自动调用中断服务函数。关闭 TIM2，停止调用 TIM2 中断服务函数。

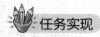**任务实现**

1. 使用 STM32CubeMX 新建 STM32 工程

(1) 双击 STM32Cube MX 图标，在主界面中选择 File→New Project 菜单命令，在 Commercial Part Number 右边的下拉框中输入 STM32F103R6。

(2) 单击 Pinout & Configuration 选项卡，设置 PB6、PB7、PC0、PC1 引脚的工作模式，如表 9-15 所示。

表 9-15 设置引脚工作模式

引　　脚	模　　式
PC0	GPIO_Output
PC1	GPIO_EXTI1
PB6	I2C1_SCL
PB7	I2C1_SDA

本任务使用 2 个内置外设：I2C、TIM2，必须对内置外设初始化。

(3) 在 Categories（分类）页面中依次选择 Connectivity→I2C1，在 I2C1 Mode and Configuration 页面中将 I2C 设置为 I2C。I2C 作为一种连接，无须考虑中断问题。

(4) 在 Categories（分类）页面中依次选择 Timers→TIM2，在 TIM2 Mode and Configuration 中设置参数，如表 9-16 所示。

表 9-16 为 TIM2 设置参数

名　　称	中 文 意 思	值
Clock Source	时钟源	Internal Clock
Prescaler(PSC)	预分频系统	7
Counter Mode	计数方向	up
Counter Period(AutoReload Register)	自动重装载值	999

根据定时器计数参数，求出计数周期如下：

$$T_{CNT}(ARR+1) = \frac{(PSC+1)(ARR+1)}{f_{CLK}} = \frac{(7+1)\times(999+1)}{8\times10^6} = 1(ms)$$

仿真电路时钟频率默认为 8MHz。

若设置中断线,必须为中断线映射的引脚设置参数。

(5) 在 Categories(分类)页面中依次选择 System Core→GPIO,为中断线映射的引脚(PC1)设置参数。这里触发方式选择 External Interrupt Mode with Rising/Falling edge trigger detection(上升沿/下降沿触发);"拉"选择 No pull-up and no pull-down,如图 9-33 所示。

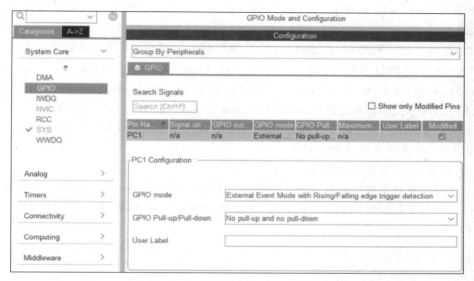

图 9-33　为中断线映射的引脚设置参数

若设置中断,必须指定中断优先级。

(6) 选择 System Core→NVIC,确定一个优先级组,设置 TIM2、EXTI1 优先级和使能。这里,优先级组选择 0 组;抢占优先级均为 0 级;响应优先级:EXTI1 为 1 级,TIM2 为 2 级,如图 9-34 所示。

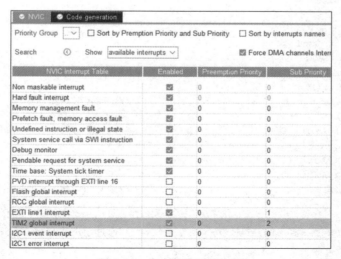

图 9-34　为中断设置优先级

(7) 单击 Project Manager 选项卡。在 Project Name 中输入 Code；Project Location 设置为"E:\Users\chen\Desktop\STM32\9.3\"；在 Toolchain/IDE 中选择 MDK-ARM。

2. 在 Keil MDK 中配置 STM32 工程，并编程

(1) 在目录树中创建 oled12864.c 文件(oled12864 液晶屏驱动文件)。

在 Code 工程的目录树中，右击 Application/User/Core 分组，选择 Add New Item to Group Application/User/Core 命令，在弹出的对话框中选择 C File(.c)，然后在 Name 的文本框中输入 oled12864.c，在 Location 中选择"E:\Users\chen\Desktop\STM32\9.3\Code\Core\Src"。

(2) 在目录树中创建 oled12864.h 文件，然后将 oled12864.h 从目录树中移走。

在 Code 工程的目录树中，右击 Application/User/Core 分组，选择 Add New Item to Group Application/User/Core 命令，在弹出的对话框中选择 Header File(.h)，然后在 Name 的文本框中输入 oled12864.h，在 Location 中选择"E:\Users\chen\Desktop\STM32\9.3\Code\Core\Inc"。右击目录树的 oled12864.h，选择 Remove File 'oled12864.h'命令，将 oled12864.h 文件从目录树中移走。

(3) 同理，在目录树中创建 ultrasonic.c 文件。

(4) 同理，在目录树中创建 ultrasonic.h 文件，然后将 ultrasonic.h 从目录树中移走。

(5) 同理，在目录树中创建 asciiFont.h 文件，然后将 asciiFont.h 从目录树中移走。

(6) 在 main.c 中编程。

```
#include "main.h"
#include "oled12864.h"
#include "ultrasonic.h"
I2C_HandleTypeDef hi2c1;
TIM_HandleTypeDef htim2;
void SystemClock_Config(void);
static void MX_GPIO_Init(void);
static void MX_I2C1_Init(void);
static void MX_TIM2_Init(void);
int main(void)
{
  HAL_Init();
  SystemClock_Config();
  MX_GPIO_Init();
  MX_I2C1_Init();
  MX_TIM2_Init();
  HAL_TIM_Base_Start_IT(&htim2);             //使能定时器更新中断
  oledInit();
  oledDisplayAscii(0,0,"   ultrasonic   ");//oledDisplayAscii(列,行,字符串)
  oledDisplayAscii(0,1,"timer:       us ");
  oledDisplayAscii(0,2,"distance:    cm ");
  oledDisplayAscii(0,3,"                ");
  delayInit();                               //延时初始化,仿真平台中允许省略
  while (1)
  {
      ultrasonicGetDistance();               //通过超声波(ultrasonic)获取距离
  }
}
```

（7）在 asciiFont.h 中编程。

```
//95个字符的字模
const uint8_t asciiFontList[95][16]=
{
{0x00,0x00,0x00,0x00,0x00,0x00,0x00,0x00,0x00,0x00,0x00,0x00,0x00,0x00,0x00,0x00},//0
{0x00,0x00,0x00,0xF8,0x00,0x00,0x00,0x00,0x00,0x00,0x00,0x33,0x30,0x00,0x00,0x00},//!
{0x00,0x10,0x0C,0x06,0x10,0x0C,0x06,0x00,0x00,0x00,0x00,0x00,0x00,0x00,0x00,0x00},//"
{0x40,0xC0,0x78,0x40,0xC0,0x78,0x40,0x00,0x04,0x3F,0x04,0x04,0x3F,0x04,0x04,0x00},//#
{0x00,0x70,0x88,0xFC,0x08,0x30,0x00,0x00,0x00,0x18,0x20,0xFF,0x21,0x1E,0x00,0x00},//$
{0xF0,0x08,0xF0,0x00,0xE0,0x18,0x00,0x00,0x00,0x21,0x1C,0x03,0x1E,0x21,0x1E,0x00},//%
{0x00,0xF0,0x08,0x88,0x70,0x00,0x00,0x00,0x1E,0x21,0x23,0x24,0x19,0x27,0x21,0x10},//&
{0x10,0x16,0x0E,0x00,0x00,0x00,0x00,0x00,0x00,0x00,0x00,0x00,0x00,0x00,0x00,0x00},//'
{0x00,0x00,0x00,0xE0,0x18,0x04,0x02,0x00,0x00,0x00,0x00,0x07,0x18,0x20,0x40,0x00},//(
{0x00,0x02,0x04,0x18,0xE0,0x00,0x00,0x00,0x00,0x40,0x20,0x18,0x07,0x00,0x00,0x00},//)
{0x40,0x40,0x80,0xF0,0x80,0x40,0x40,0x00,0x02,0x02,0x01,0x0F,0x01,0x02,0x02,0x00},//*
{0x00,0x00,0x00,0xF0,0x00,0x00,0x00,0x00,0x01,0x01,0x01,0x1F,0x01,0x01,0x01,0x00},//+
{0x00,0x00,0x00,0x00,0x00,0x00,0x00,0x80,0xB0,0x70,0x00,0x00,0x00,0x00,0x00,0x00},//,
{0x00,0x00,0x00,0x00,0x00,0x00,0x00,0x00,0x01,0x01,0x01,0x01,0x01,0x01,0x01,0x01},//-
{0x00,0x00,0x00,0x00,0x00,0x00,0x00,0x00,0x00,0x30,0x30,0x00,0x00,0x00,0x00,0x00},//.
{0x00,0x00,0x00,0x00,0x80,0x60,0x18,0x04,0x00,0x60,0x18,0x06,0x01,0x00,0x00,0x00},///
{0x00,0xE0,0x10,0x08,0x08,0x10,0xE0,0x00,0x00,0x0F,0x10,0x20,0x20,0x10,0x0F,0x00},//0
{0x00,0x10,0x10,0xF8,0x00,0x00,0x00,0x00,0x00,0x20,0x20,0x3F,0x20,0x20,0x00,0x00},//1
{0x00,0x70,0x08,0x08,0x08,0x88,0x70,0x00,0x00,0x30,0x28,0x24,0x22,0x21,0x30,0x00},//2
{0x00,0x30,0x08,0x88,0x88,0x48,0x30,0x00,0x00,0x18,0x20,0x20,0x20,0x11,0x0E,0x00},//3
{0x00,0x00,0xC0,0x20,0x10,0xF8,0x00,0x00,0x00,0x07,0x04,0x24,0x24,0x3F,0x24,0x00},//4
{0x00,0xF8,0x08,0x88,0x88,0x08,0x08,0x00,0x00,0x19,0x21,0x20,0x20,0x11,0x0E,0x00},//5
{0x00,0xE0,0x10,0x88,0x88,0x18,0x00,0x00,0x00,0x0F,0x11,0x20,0x20,0x11,0x0E,0x00},//6
{0x00,0x38,0x08,0x08,0xC8,0x38,0x08,0x00,0x00,0x00,0x00,0x3F,0x00,0x00,0x00,0x00},//7
```

{0x00, 0x70, 0x88, 0x08, 0x08, 0x88, 0x70, 0x00, 0x00, 0x1C, 0x22, 0x21, 0x21, 0x22, 0x1C, 0x00},//8
{0x00, 0xE0, 0x10, 0x08, 0x08, 0x10, 0xE0, 0x00, 0x00, 0x00, 0x31, 0x22, 0x22, 0x11, 0x0F, 0x00},//9
{0x00, 0x00, 0x00, 0xC0, 0xC0, 0x00, 0x00, 0x00, 0x00, 0x00, 0x00, 0x30, 0x30, 0x00, 0x00, 0x00},//:
{0x00, 0x00, 0x00, 0x80, 0x00, 0x00, 0x00, 0x00, 0x00, 0x00, 0x80, 0x60, 0x00, 0x00, 0x00, 0x00},//;
{0x00, 0x00, 0x80, 0x40, 0x20, 0x10, 0x08, 0x00, 0x00, 0x01, 0x02, 0x04, 0x08, 0x10, 0x20, 0x00},//<
{0x40, 0x40, 0x40, 0x40, 0x40, 0x40, 0x40, 0x00, 0x04, 0x04, 0x04, 0x04, 0x04, 0x04, 0x04, 0x00},//=
{0x00, 0x08, 0x10, 0x20, 0x40, 0x80, 0x00, 0x00, 0x00, 0x20, 0x10, 0x08, 0x04, 0x02, 0x01, 0x00},//>
{0x00, 0x70, 0x48, 0x08, 0x08, 0x08, 0xF0, 0x00, 0x00, 0x00, 0x00, 0x30, 0x36, 0x01, 0x00, 0x00},//?
{0xC0, 0x30, 0xC8, 0x28, 0xE8, 0x10, 0xE0, 0x00, 0x07, 0x18, 0x27, 0x24, 0x23, 0x14, 0x0B, 0x00},//@
{0x00, 0x00, 0xC0, 0x38, 0xE0, 0x00, 0x00, 0x00, 0x20, 0x3C, 0x23, 0x02, 0x02, 0x27, 0x38, 0x20},//A
{0x08, 0xF8, 0x88, 0x88, 0x88, 0x70, 0x00, 0x00, 0x20, 0x3F, 0x20, 0x20, 0x20, 0x11, 0x0E, 0x00},//B
{0xC0, 0x30, 0x08, 0x08, 0x08, 0x08, 0x38, 0x00, 0x07, 0x18, 0x20, 0x20, 0x20, 0x10, 0x08, 0x00},//C
{0x08, 0xF8, 0x08, 0x08, 0x08, 0x10, 0xE0, 0x00, 0x20, 0x3F, 0x20, 0x20, 0x20, 0x10, 0x0F, 0x00},//D
{0x08, 0xF8, 0x88, 0x88, 0xE8, 0x08, 0x10, 0x00, 0x20, 0x3F, 0x20, 0x20, 0x23, 0x20, 0x18, 0x00},//E
{0x08, 0xF8, 0x88, 0x88, 0xE8, 0x08, 0x10, 0x00, 0x20, 0x3F, 0x20, 0x00, 0x03, 0x00, 0x00, 0x00},//F
{0xC0, 0x30, 0x08, 0x08, 0x08, 0x38, 0x00, 0x00, 0x07, 0x18, 0x20, 0x20, 0x22, 0x1E, 0x02, 0x00},//G
{0x08, 0xF8, 0x08, 0x00, 0x00, 0x08, 0xF8, 0x08, 0x20, 0x3F, 0x21, 0x01, 0x01, 0x21, 0x3F, 0x20},//H
{0x00, 0x08, 0x08, 0xF8, 0x08, 0x08, 0x00, 0x00, 0x00, 0x20, 0x20, 0x3F, 0x20, 0x20, 0x00, 0x00},//I
{0x00, 0x00, 0x08, 0x08, 0xF8, 0x08, 0x08, 0x00, 0xC0, 0x80, 0x80, 0x80, 0x7F, 0x00, 0x00, 0x00},//J
{0x08, 0xF8, 0x88, 0xC0, 0x28, 0x18, 0x08, 0x00, 0x20, 0x3F, 0x20, 0x01, 0x26, 0x38, 0x20, 0x00},//K
{0x08, 0xF8, 0x08, 0x00, 0x00, 0x00, 0x00, 0x00, 0x20, 0x3F, 0x20, 0x20, 0x20, 0x20, 0x30, 0x00},//L
{0x08, 0xF8, 0xF8, 0x00, 0xF8, 0xF8, 0x08, 0x00, 0x20, 0x3F, 0x00, 0x3F, 0x00, 0x3F, 0x20, 0x00},//M
{0x08, 0xF8, 0x30, 0xC0, 0x00, 0x08, 0xF8, 0x08, 0x20, 0x3F, 0x20, 0x00, 0x07, 0x18, 0x3F, 0x00},//N
{0xE0, 0x10, 0x08, 0x08, 0x08, 0x10, 0xE0, 0x00, 0x0F, 0x10, 0x20, 0x20, 0x20, 0x10, 0x0F, 0x00},//O
{0x08, 0xF8, 0x08, 0x08, 0x08, 0x08, 0xF0, 0x00, 0x20, 0x3F, 0x21, 0x01, 0x01, 0x01, 0x00, 0x00},//P
{0xE0, 0x10, 0x08, 0x08, 0x08, 0x10, 0xE0, 0x00, 0x0F, 0x18, 0x24, 0x24, 0x38, 0x50, 0x4F, 0x00},//Q
{0x08, 0xF8, 0x88, 0x88, 0x88, 0x88, 0x70, 0x00, 0x20, 0x3F, 0x20, 0x00, 0x03, 0x0C, 0x30, 0x20},//R

{0x00,0x70,0x88,0x08,0x08,0x08,0x38,0x00,0x00,0x38,0x20,0x21,0x21,0x22,0x1C,0x00},//S
{0x18,0x08,0x08,0xF8,0x08,0x08,0x18,0x00,0x00,0x00,0x20,0x3F,0x20,0x00,0x00,0x00},//T
{0x08,0xF8,0x08,0x00,0x00,0x08,0xF8,0x08,0x00,0x1F,0x20,0x20,0x20,0x20,0x1F,0x00},//U
{0x08,0x78,0x88,0x00,0x00,0xC8,0x38,0x08,0x00,0x00,0x07,0x38,0x0E,0x01,0x00,0x00},//V
{0xF8,0x08,0x00,0xF8,0x00,0x08,0xF8,0x00,0x03,0x3C,0x07,0x00,0x07,0x3C,0x03,0x00},//W
{0x08,0x18,0x68,0x80,0x80,0x68,0x18,0x08,0x20,0x30,0x2C,0x03,0x03,0x2C,0x30,0x20},//X
{0x08,0x38,0xC8,0x00,0xC8,0x38,0x08,0x00,0x00,0x00,0x20,0x3F,0x20,0x00,0x00,0x00},//Y
{0x10,0x08,0x08,0x08,0xC8,0x38,0x08,0x00,0x20,0x38,0x26,0x21,0x20,0x20,0x18,0x00},//Z
{0x00,0x00,0x00,0xFE,0x02,0x02,0x02,0x00,0x00,0x00,0x00,0x7F,0x40,0x40,0x40,0x00},//[
{0x00,0x0C,0x30,0xC0,0x00,0x00,0x00,0x00,0x00,0x00,0x00,0x01,0x06,0x38,0xC0,0x00},//\
{0x00,0x02,0x02,0x02,0xFE,0x00,0x00,0x00,0x00,0x40,0x40,0x40,0x7F,0x00,0x00,0x00},//]
{0x00,0x00,0x04,0x02,0x02,0x02,0x04,0x00,0x00,0x00,0x00,0x00,0x00,0x00,0x00,0x00},//^
{0x00,0x00,0x00,0x00,0x00,0x00,0x00,0x00,0x80,0x80,0x80,0x80,0x80,0x80,0x80,0x80},//_
{0x00,0x02,0x02,0x04,0x00,0x00,0x00,0x00,0x00,0x00,0x00,0x00,0x00,0x00,0x00,0x00},//`
{0x00,0x00,0x80,0x80,0x80,0x80,0x00,0x00,0x00,0x19,0x24,0x22,0x22,0x22,0x3F,0x20},//a
{0x08,0xF8,0x00,0x80,0x80,0x00,0x00,0x00,0x00,0x3F,0x11,0x20,0x20,0x11,0x0E,0x00},//b
{0x00,0x00,0x00,0x80,0x80,0x80,0x00,0x00,0x00,0x0E,0x11,0x20,0x20,0x20,0x11,0x00},//c
{0x00,0x00,0x00,0x80,0x80,0x88,0xF8,0x00,0x00,0x0E,0x11,0x20,0x20,0x10,0x3F,0x20},//d
{0x00,0x00,0x80,0x80,0x80,0x80,0x00,0x00,0x00,0x1F,0x22,0x22,0x22,0x22,0x13,0x00},//e
{0x00,0x80,0x80,0xF0,0x88,0x88,0x88,0x18,0x00,0x20,0x20,0x3F,0x20,0x20,0x00,0x00},//f
{0x00,0x00,0x80,0x80,0x80,0x80,0x80,0x00,0x00,0x6B,0x94,0x94,0x94,0x93,0x60,0x00},//g
{0x08,0xF8,0x00,0x80,0x80,0x80,0x00,0x00,0x20,0x3F,0x21,0x00,0x00,0x20,0x3F,0x20},//h
{0x00,0x80,0x98,0x98,0x00,0x00,0x00,0x00,0x00,0x20,0x20,0x3F,0x20,0x20,0x00,0x00},//i
{0x00,0x00,0x00,0x80,0x98,0x98,0x00,0x00,0x00,0xC0,0x80,0x80,0x80,0x7F,0x00,0x00},//j
{0x08,0xF8,0x00,0x00,0x80,0x80,0x80,0x00,0x20,0x3F,0x24,0x02,0x2D,0x30,0x20,0x00},//k
{0x00,0x08,0x08,0xF8,0x00,0x00,0x00,0x00,0x00,0x20,0x20,0x3F,0x20,0x20,0x00,0x00},//l
{0x80,0x80,0x80,0x80,0x80,0x80,0x80,0x00,0x20,0x3F,0x20,0x00,0x3F,0x20,0x00,0x3F},//m

```c
    {0x80,0x80,0x00,0x80,0x80,0x80,0x00,0x00,0x20,0x3F,0x21,0x00,0x00,0x20,0x3F,
0x20},//n
    {0x00,0x00,0x80,0x80,0x80,0x80,0x00,0x00,0x00,0x1F,0x20,0x20,0x20,0x20,0x1F,
0x00},//o
    {0x80,0x80,0x00,0x80,0x80,0x00,0x00,0x00,0x80,0xFF,0xA1,0x20,0x20,0x11,0x0E,
0x00},//p
    {0x00,0x00,0x00,0x80,0x80,0x80,0x80,0x00,0x00,0x0E,0x11,0x20,0x20,0xA0,0xFF,
0x80},//q
    {0x80,0x80,0x80,0x00,0x80,0x80,0x80,0x00,0x20,0x20,0x3F,0x21,0x20,0x00,0x01,
0x00},//r
    {0x00,0x00,0x80,0x80,0x80,0x80,0x80,0x00,0x00,0x33,0x24,0x24,0x24,0x24,0x19,
0x00},//s
    {0x00,0x80,0x80,0xE0,0x80,0x80,0x00,0x00,0x00,0x00,0x00,0x1F,0x20,0x20,0x00,
0x00},//t
    {0x80,0x80,0x00,0x00,0x00,0x80,0x80,0x00,0x00,0x1F,0x20,0x20,0x20,0x10,0x3F,
0x20},//u
    {0x80,0x80,0x80,0x00,0x00,0x80,0x80,0x80,0x00,0x01,0x0E,0x30,0x08,0x06,0x01,
0x00},//v
    {0x80,0x80,0x00,0x80,0x00,0x80,0x80,0x80,0x0F,0x30,0x0C,0x03,0x0C,0x30,0x0F,
0x00},//w
    {0x00,0x80,0x80,0x00,0x80,0x80,0x80,0x00,0x00,0x20,0x31,0x2E,0x0E,0x31,0x20,
0x00},//x
    {0x80,0x80,0x80,0x00,0x00,0x80,0x80,0x80,0x80,0x81,0x8E,0x70,0x18,0x06,0x01,
0x00},//y
    {0x00,0x80,0x80,0x80,0x80,0x80,0x80,0x00,0x00,0x21,0x30,0x2C,0x22,0x21,0x30,
0x00},//z
    {0x00,0x00,0x00,0x00,0x80,0x7C,0x02,0x02,0x00,0x00,0x00,0x00,0x00,0x3F,0x40,
0x40},//{
    {0x00,0x00,0x00,0x00,0xFF,0x00,0x00,0x00,0x00,0x00,0x00,0x00,0xFF,0x00,0x00,
0x00},//|
    {0x00,0x02,0x02,0x7C,0x80,0x00,0x00,0x00,0x00,0x40,0x40,0x3F,0x00,0x00,0x00,
0x00},//}
    {0x00,0x06,0x01,0x01,0x02,0x02,0x04,0x04,0x00,0x00,0x00,0x00,0x00,0x00,0x00,
0x00}, //~
};
```

(8) 在 oled12864.c 中编程。

```c
#include "oled12864.h"
#include "asciiFont.h"
extern I2C_HandleTypeDef hi2c1;
HAL_StatusTypeDef oledIsReady(void)
{
    uint8_t timer = 10;
    HAL_StatusTypeDef isOk;
    isOk = HAL_I2C_IsDeviceReady(&hi2c1,OLED_ADDRESS,timer,20);
    return isOk;
}
HAL_StatusTypeDef oledWriteOneByte(uint16_t devAddr,uint8_t byteData)
{
    HAL_StatusTypeDef isOk;
    isOk = HAL_I2C_Master_Transmit(&hi2c1,devAddr,&byteData,1,2);
```

```c
    return isOk;
}
HAL_StatusTypeDef oledWriteCmd(uint8_t byteCmd)
{
    HAL_StatusTypeDef isOk;
    uint8_t arrData[2]={0x00,byteCmd};
    //while(oledIsReady()==HAL_OK);
    isOk = HAL_I2C_Master_Transmit(&hi2c1,OLED_ADDRESS,arrData,2,2);
    return isOk;
}
HAL_StatusTypeDef oledWriteData(uint8_t byteData)
{
    HAL_StatusTypeDef isOk;
    uint8_t arrData[2]={0x40,byteData};
    //while(oledIsReady()==HAL_OK);
    isOk = HAL_I2C_Master_Transmit(&hi2c1,OLED_ADDRESS,arrData,2,2);
    return isOk;
}
void oledSetPos(uint8_t xPos,uint8_t yPos)
{
    // Y方向即垂直方向--64行分8页这个值只能是0-7-基础指令为0xb0,偏移0~7可选
    oledWriteCmd(0xb0 + yPos);
    // X方向即水平方向--128列不分页-这个值必须高4位和低4位分开各设置一次
    oledWriteCmd(((xPos & 0xf0) >> 4) | 0x10); //设置高4位
    oledWriteCmd(xPos & 0x0f);                 //设置低4位
}
void oledFill(uint8_t fillData)
{
    uint8_t y, x;
    //由于是页寻址模式-每次只能填充1页-需要分8次填充
    for (y = 0; y < 8; y++)
    {
        oledSetPos(0,y);
        for (x = 0; x < X_WIDTH; x++)          //每次可填充128列
            oledWriteData(fillData);           //填入数据
    }
}
void oledCls(void)
{
    oledFill(0x00);
}
void oledInit(void)
{
    HAL_Delay(500);                            //初始化之前的延时很重要
    oledWriteCmd(0xae);                        //关闭液晶显示
    //下面2条指令设置寻址方式-寻址方式同软件取模方式有密切关系
    oledWriteCmd(0x20);                        //说明要设置寻址方式
    oledWriteCmd(0x02);                        //0x00水平寻址-01垂直寻址-02为页寻址
    //下面3条指令设置列和页的初始化地址-只能页寻址时使用
    oledWriteCmd(0x00);                        //写入列初始地址低4位
    oledWriteCmd(0x10);                        //写入列初始地址高4位
    oledWriteCmd(0xb0);                        //写入页初始地址
    //将液晶内部负责显示的RAM映射到显示面板-取值0x40-0x7F
```

```c
        oledWriteCmd(0x40);                         //0x40映射没有偏移
    //下面2条指令设置对比度
        oledWriteCmd(0x81);                         //说明要设置对比度
        oledWriteCmd(Brightness);                   //对比度的值
    //下面2条指令可以理解为显示顺序设置
        oledWriteCmd(0xa1);                         //0xa1从左到右显示-0xa0从右向左显示
        oledWriteCmd(0xc8);                         //0xc8从上到下显示-0xc0从下到上显示
        oledWriteCmd(0xa6);                         //设置为0灭1亮-0xa7相反
    //下面2条指令设置选通行数-取值0x0f~0x3f
        oledWriteCmd(0xa8);                         //说明要设置选通行数
        oledWriteCmd(0x3f);                         //具体行数-此处为64行(0~63)
    //下面2条指令设置垂直显示向上偏移行数-取值0x0f~0x3f
        oledWriteCmd(0xd3);                         //说明要设置垂直显示偏移
        oledWriteCmd(0x00);                         //设置偏移值-此处不偏移(0~63)
    //下面2条指令设置液晶刷新频率-基础值0x80-共可设置16级分频
        oledWriteCmd(0xd5);                         //说明要设置刷新频率
        oledWriteCmd(0x80);                         //每秒100帧(最小值)
    //下面2条指令设置充电周期
        oledWriteCmd(0xd9);                         //说明要设置预充电周期
        oledWriteCmd(0xf1);                         //15个时钟一个周期(复位为2个时钟)
    //下面2条指令设置行引脚配置-取值0x02-0x12-0x22-0x32
        oledWriteCmd(0xda);                         //说明要设置行引脚
        oledWriteCmd(0x12);                         //设置为默认值
    //下面2条指令设置Vcomh反压值
        oledWriteCmd(0xdb);                         //说明要设置反压值
        oledWriteCmd(0x40);                         //设置为0x40
    //下面2条指令设置电荷泵-取值0x14-0x10
        oledWriteCmd(0x8d);                         //说明要设置电荷泵
        oledWriteCmd(0x14);                         //0x14启用-0x10不启用
        oledWriteCmd(0xa4);                         //0xa4显示值取RAM中的值-0xa5不管RAM全
                                                    //  部点亮屏幕
        oledWriteCmd(0xaf);                         //打开液晶显示
    }
    void oledDisplayAscii(uint8_t xPos,uint8_t yPos,char *pAscii)
    {
        uint8_t i = 0;
        uint8_t OledX, OledY;
        OledX = xPos *8;
        OledY = yPos *2;
        while (*pAscii != '\0')
        {
            oledSetPos(OledX,OledY);
            for(i=0;i<8;i++)
                oledWriteData(asciiFontList[(*pAscii)-32][i]);
            oledSetPos(OledX,OledY+1);
            for(i=0;i<8;i++)
                oledWriteData(asciiFontList[(*pAscii)-32][i+8]);
            OledX += 8;
            pAscii++;
        }
    }
```

(9) 在 oled12864.h 中编程。

```c
#ifndef __IICDEV_H__
#define __IICDEV_H__
#include "main.h"
#define OLED_ADDRESS 0X0078      //SSD1306 控制器的 OLED 地址为 0x78 和 0x79
#define Brightness 0x7F          //亮度最大 255
#define X_WIDTH 128              //液晶水平方向点数
#define Y_WIDTH 64               //液晶垂直方向点数
HAL_StatusTypeDef oledIsReady(void);
HAL_StatusTypeDef oledWriteOneByte(uint16_t devAddr,uint8_t byteData);
HAL_StatusTypeDef oledWriteCmd(uint8_t byteCmd);
HAL_StatusTypeDef oledWriteData(uint8_t byteData);
void oledSetPos(uint8_t xPos,uint8_t yPos);
void oledDisplayAscii(uint8_t xPos,uint8_t yPos,char *pAscii);
void oledInit(void);
void oledFill(uint8_t fillData);
void oledCls(void);
#endif
```

(10) 在 ultrasonic.c 中编程。

```c
//超声波模块
#include "ultrasonic.h"
#include "oled12864.h"
#include "stdio.h"
extern TIM_HandleTypeDef htim2;          //说明外部变量
static uint8_t getDistanceOk = 0;        //标志位
static uint8_t tim2InterruptCnt;         //定时器 TIM2 中断次数(即中断回调函数被调用次数)
uint32_t sysUs;
void delayInit(void)                     //微秒级延时
{
  HAL_SYSTICK_CLKSourceConfig(SYSTICK_CLKSOURCE_HCLK);
  sysUs = SystemCoreClock;
}
#define CPU_FREQUENCY_MHZ    8           //仿真电路系统频率为 8MHz
void HAL_Delay_us(uint32_t us)
{
  int last, curr, val;
  int temp;
  while (us != 0)
  {
    temp = us > 900 ? 900 : us;
    last = SysTick->VAL;
    curr = last - CPU_FREQUENCY_MHZ * temp;
    if (curr >= 0)
    {
      do
      {
        val = SysTick->VAL;
      }
      while ((val < last) && (val >= curr));
    }
    else
```

```c
        {
            curr += CPU_FREQUENCY_MHZ *1000;
            do
            {
                val = SysTick->VAL;
            }
            while ((val <= last) || (val > curr));
        }
        us -= temp;
    }
}
//向超声波模块 TR 引脚发送 50μs 的高电平信号
static void ultrasonicTrig(void)                              //超声波触发信号
{
    HAL_GPIO_WritePin(GPIOC,GPIO_PIN_0,GPIO_PIN_SET);         //触发脉冲 50μs
    HAL_Delay_us(50);
    HAL_GPIO_WritePin(GPIOC,GPIO_PIN_0,GPIO_PIN_RESET);
}
char distanceStr[8];
void ultrasonicGetDistance(void)                              //通过超声波获取距离
{
    static uint8_t ultrasonicState = 0;//静态内部变量:第一次调用函数时才开辟存储单元
    uint16_t distance = 0;                                    //距离整数部分
    switch(ultrasonicState)
    {
    case 0:
        ultrasonicTrig();                                     //发送 50μs 的超声波信号
        getDistanceOk = 0;                                    //标志位清零
        tim2InterruptCnt = 0;                                 //中断次数清零
        htim2.Instance->CNT = 0;                              //计数寄存器清零
        ultrasonicState = 1;                                  //状态机切换为 1
        break;
    case 1:
        if(getDistanceOk == 1)
        {
            distance = (tim2InterruptCnt *1000+(htim2.Instance->CNT))/58;
                                                              //计算出距离值
            sprintf(distanceStr,"%3dcm",distance);
            oledDisplayAscii(9,2,distanceStr);    //oledDisplayAscii(列、行、字符串)
            sprintf(distanceStr,"%d",(tim2InterruptCnt * 1000 + (htim2.Instance->CNT))/2);
            oledDisplayAscii(6,1,distanceStr);
            ultrasonicState = 0;
        }
        break;
    }
}
//当 ECHO 引脚电平为上升沿或下降沿时,就自动调用中断回调函数
void HAL_GPIO_EXTI_Callback(uint16_t GPIO_Pin)
{
    static uint8_t extiState;
    if(GPIO_Pin == GPIO_PIN_1)
    {
```

```
        if(getDistanceOk == 0)
        {
          switch(extiState)
          {
            case 0:extiState = 1;
                __HAL_TIM_ENABLE(&htim2);      //使能 TIM2 计数
                break;
            case 1:extiState = 0;
                __HAL_TIM_DISABLE(&htim2);     //禁止 TIM2 计数
                getDistanceOk = 1;
          }
        }
    }
}
//每经过 1ms,就自动调用一次中断回调函数
void HAL_TIM_PeriodElapsedCallback(TIM_HandleTypeDef *htim)
{
  if(htim == &htim2)
  {
    ++tim2InterruptCnt;
  }
  //__HAL_TIM_CLEAR_IT(htim, TIM_IT_UPDATE); //清除 TIM2 的中断标志位
}
```

(11) 在 ultrasonic.h 中编程。

```
#ifndef __ULTRASONIC_H_
#define __ULTRASONIC_H_
#include "main.h"
void ultrasonicGetDistance(void);
void delayInit(void);;        //微秒延时初始化,参数为 sysTick 的主频
void HAL_Delay_us(uint32_t us);
static void ultrasonicTrig(void);
#endif
```

程序解释如下。

(1) 元器件初始化。

① 将 PC1 引脚映射为中断线 EXTI1,指定上升沿/下降沿触发,并使能中断线中断。

② 初始化串行通信总线 I2C。

③ 初始化 TIM2：使能 TIM2 更新中断。

④ 初始化液晶显示屏。

(2) 发射超声波信号。

① 通过 PC0 引脚向超声波模块 TR 引脚发送至少 $10\mu s$ 的高电平信号。

② 发射源 T 自动发送 8 个 40kHz 的超声波信号,信号发出后,自动拉高 ECHO 引脚的电平(无须代码)。

当 ECHO 引脚电平为上升沿时,就产生中断线外部中断,自动调用中断服务函数 EXTI1_IRQHandler()。此时,getDistanceOk=0,extiState=1,使能 TIM2 计数。

③ 当 TIM2 开启后,当 TIM2 的当前值由 0 变为最大值时(历时 1ms),就调用一次中

断服务函数 TIM2_IRQHandler(),并记录调用次数 tim2InterruptCnt。

④ 发送出去的超声波遇到障碍物会反射给接收器 R,此时自动拉低 ECHO 引脚电平。

当 ECHO 引脚电平为下降沿时,就产生中断线外部中断,自动调用中断服务函数 EXTI1_IRQHandler()。此时,getDistanceOk=1,extiState=0,禁止 TIM2 计数。

(3) 接收超声波信号,并计算距离。

当 getDistanceOk=1 时,计算 ECHO 引脚持续保持高电平时间(μs)、发射源和障碍物之间的距离(cm),并把高电平时间和距离显示到液晶屏上,如图 9-35 所示。

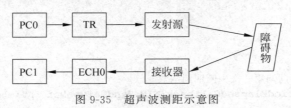

图 9-35　超声波测距示意图

3. 使用 Proteus 软件仿真

(1) 使用 Proteus 软件绘制如图 9-32 所示的仿真电路,存入"E:\Users\chen\Desktop\STM32\9.3\超声波测距.pdsprj"中。

(2) 双击 STM32F103R6 芯片,在 Program File 中选择 STM32 工程生成的 hex 文件。

(3) 在原理图绘制窗口单击"播放"按钮,仿真运行 STM32 工程。

9.3.4　基于 STM32F103 嵌入式实验箱的超声波测距

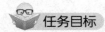 任务目标

在实验箱中,使用 20 针排线将 STM32 核心板的 PA 口与超声波传感器的 J2 接口相连接;STM32 核心板的 PE 口连接 LCD12864 显示模块的 J2 接口,如图 9-36 和图 9-37 所示。

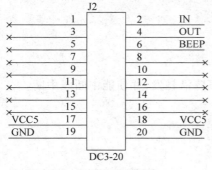

图 9-36　超声波传感器的 J2 口

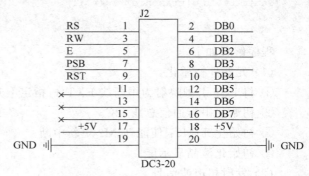

图 9-37　LCD12864 显示模块的 J2 口

当用户在超声波传感器的发射源和接收器前面加入障碍物时,将在 LCD12864 显示模块中显示发射源和障碍物的距离(cm),同时蜂鸣器鸣叫,如图 9-38 所示。

 任务说明

(1) LCD12864 显示模块需要使用 5 位控制线:RS、RW、E、PSB、RST,8 位数据总线:

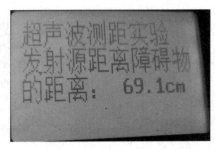

图 9-38　LCD12864 显示测出距离

DB0～DB7；超声波传感器需要使用 2 位数据线：IN、OUT（连接 ECHO 引脚），它们与 STM32 核心板引脚的连线如表 9-17 所示。

表 9-17　核心板与超声波传感器、LCD12864 显示模块的引脚连接

超声波传感器	STM32 核心板	LCD12864 显示模块
—	PE0	RS
—	PE1	RW
—	PE2	E
—	PE3	PSB
—	PE4	RST
—	PE8～PE15	DB0～DB7
IN	PA8	—
OUT	PA9	—
BEEP	PA10	—

（2）通常，OUT 引脚通过上拉电阻与电源连接，固定在高电平。

（3）PA8 向 IN 引脚输入 8 个 40kHz 的方波，当方波到达发射源 T 时就发出超声波信号。启动 TIM2，在使能更新中断前提下，每经过一个计数周期就调用一次 TIM2 中断服务函数，并记录调用次数。

（4）发出去的信号遇到障碍物会反射给接收器 R，此时自动拉低 OUT 引脚电平。当 OUT 引脚电平为下降沿时，就产生中断线外部中断，自动调用中断线中断服务函数。关闭 TIM2，停止调用 TIM2 中断服务函数，如图 9-39 所示。

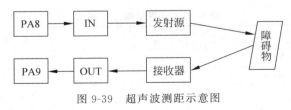

图 9-39　超声波测距示意图

（5）超声波传感器收发电路如图 9-40 所示。

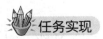

任务实现

1. 使用 STM32CubeMX 新建 STM32 工程

（1）双击 STM32CubeMX 图标，在主界面中选择 File→New Project 菜单命令，在

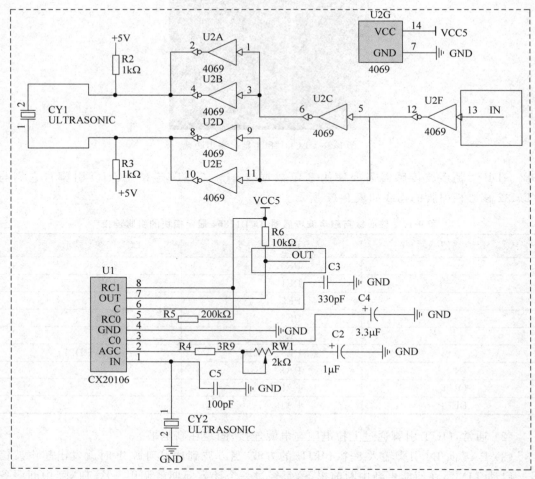

图 9-40 超声波传感器收发电路

Commercial Part Number 右边的下拉框中输入 STM32F103VCT6。

（2）单击 Pinout & Configuration 选项卡，分别设置 PE0～PE4、PE8～PE15、PA8～PA10 引脚的工作模式，如表 9-18 所示。

表 9-18 设置引脚工作模式

引　　脚	工 作 模 式
PE0～PE4	GPIO_Output
PE8～PE15	GPIO_Output
PA8	GPIO_Output
PA9	GPIO_EXTI9
PA10	GPIO_Output

本任务使用内置外设 TIM2，必须对其初始化。

（3）在 Categories（分类）页面中依次选择 Timers→TIM2，在 TIM2 Mode and Configuration 中设置参数，如表 9-19 所示。

表 9-19 为 TIM2 设置参数

名 称	中文意思	值
Clock Source	时钟源	Internal Clock
Prescaler(PSC)	预分频系统	71
Counter Mode	计数方向	up
Counter Period(AutoReload Register)	自动重装载值	999

根据定时器计数参数,求出计数周期如下:

$$T_{\text{CNT}}(\text{ARR}+1) = \frac{(\text{PSC}+1)(\text{ARR}+1)}{f_{\text{CLK}}} = \frac{(71+1)\times(999+1)}{72\times10^{6}} = 1(\text{ms})$$

实物电路时钟频率默认为 72MHz。

若设置中断线,必须为中断线映射的引脚设置参数。

(4) 在 Categories(分类)页面中依次选择 System Core→GPIO,为中断线映射的引脚 (PA9)设置参数。这里触发方式选择 External Interrupt Mode with Falling edge trigger detection(下降沿触发);"拉"选择 Pull-up,如图 9-41 所示。

图 9-41 为中断线映射的引脚设置参数

若设置中断,必须指定中断优先级。

(5) 选择 System Core→NVIC,确定一个优先级组,设置 TIM2、EXTI9 优先级和使能。这里,优先级组选择 0 组;抢占优先级均为 0 级;响应优先级:EXTI9 为 1 级,TIM2 为 2 级,如图 9-42 所示。

(6) 单击 Project Manager 选项卡。在 Project Name 中输入 Entity;在 Project Location 中设置"E:\Users\chen\Desktop\STM32\9.3\";在 Toolchain/IDE 中选择 MDK-ARM。

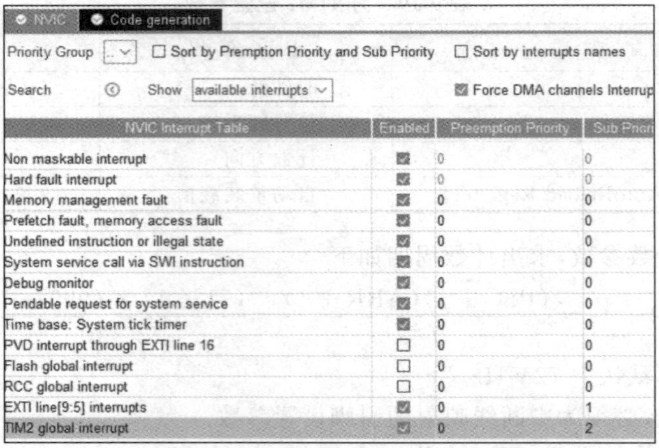

NVIC Interrupt Table	Enabled	Preemption Priority	Sub Priority
Non maskable interrupt	☑	0	0
Hard fault interrupt	☑	0	0
Memory management fault	☑	0	0
Prefetch fault, memory access fault	☑	0	0
Undefined instruction or illegal state	☑	0	0
System service call via SWI instruction	☑	0	0
Debug monitor	☑	0	0
Pendable request for system service	☑	0	0
Time base: System tick timer	☑	0	0
PVD interrupt through EXTI line 16	☐	0	0
Flash global interrupt	☐	0	0
RCC global interrupt	☐	0	0
EXTI line[9:5] interrupts	☑	0	1
TIM2 global interrupt	☑	0	2

图 9-42 为中断设置优先级

2. 在 Keil MDK 中配置 STM32 工程，并编程

（1）在目录树中创建 lcd12864.c 文件（lcd12864 液晶屏驱动文件）。

在 Entity 工程的目录树中，右击 Application/User/Core 分组，选择 Add New Item to Group Application/User/Core 命令，在弹出的对话框中选择 C File(.c)，然后在 Name 的文本框中输入 lcd12864.c，在 Location 中选择"E:\Users\chen\Desktop\STM32\9.3\Entity\Core\Src"。

（2）在目录树中创建 lcd12864.h 文件，然后将 lcd12864.h 从目录树中移走。

在 Entity 工程的目录树中，右击 Application/User/Core 分组，选择 Add New Item to Group Application/User/Core 命令，在弹出的对话框中选择 Header File(.h)，然后在 Name 的文本框中输入 Entity.h，在 Location 中选择"E:\Users\chen\Desktop\STM32\9.3\Entity\Core\Inc"。右击目录树的 lcd12864.h，选择 Remove File 'lcd12864.h'命令，将 lcd12864.h 文件从目录树中移走。

（3）同理，在目录树中创建 ultrasonic.c 文件。

（4）同理，在目录树中创建 ultrasonic.h 文件，然后将 ultrasonic.h 从目录树中移走。

（5）在 main.c 中编程。

```
#include "main.h"
#include "lcd12864.h"
#include "ultrasonic.h"
TIM_HandleTypeDef htim2;
void SystemClock_Config(void);
static void MX_GPIO_Init(void);
static void MX_TIM2_Init(void);
int main(void)
{
  HAL_Init();
  SystemClock_Config();
  MX_GPIO_Init();
  MX_TIM2_Init();
  LCD12864_Init();
```

```
    delayInit();                              //延时初始化
    HAL_TIM_Base_Start_IT(&htim2);            //使能定时器更新中断
    LCD12864_Display_String(0,0,"超声波测距实验");
    LCD12864_Display_String(1,0,"发射源距离障碍物");
    while (1)
    {
        ultrasonicGetDistance();              //通过超声波(ultrasonic)获取距离
    }
}
```

(6) 在 ultrasonic.c 中编程。

```
//超声波传感器模块
#include "ultrasonic.h"
#include "lcd12864.h"
#include "stdio.h"
extern TIM_HandleTypeDef htim2;    //说明外部变量
static uint8_t getDistanceOk = 0;  //允许获取距离标志
static uint8_t tim2InterruptCnt;   //定时器 TIM2 中断次数(即中断回调函数被调用次数)
uint32_t sysUs;
void delayInit(void)               //微秒级延时
{
    HAL_SYSTICK_CLKSourceConfig(SYSTICK_CLKSOURCE_HCLK);
    sysUs = SystemCoreClock;
}
//微秒级延时
#define CPU_FREQUENCY_MHZ    72    //STM32时钟主频
void HAL_Delay_us(int us)
{
    int last, curr, val;
    int temp;
    while (us != 0)
    {
        temp = us > 900 ? 900 : us;
        last = SysTick->VAL;
        curr = last - CPU_FREQUENCY_MHZ *temp;
        if (curr >= 0)
        {
            do
            {
                val = SysTick->VAL;
            }
            while ((val < last) && (val >= curr));
        }
        else
        {
            curr += CPU_FREQUENCY_MHZ *1000;
            do
            {
                val = SysTick->VAL;
            }
            while ((val <= last) || (val > curr));
```

```c
    }
     us -= temp;
  }
}

//PA8向IN引脚发送8个40kHz的超声波信号
static void ultrasonicTrig(void)
{
  uint8_t i;
  for(i=0;i<8;i++)
  {
      HAL_GPIO_WritePin(GPIOA,GPIO_PIN_8,GPIO_PIN_SET);
      HAL_Delay_us(12);
      HAL_GPIO_WritePin(GPIOA,GPIO_PIN_8,GPIO_PIN_RESET);
      HAL_Delay_us(12);
  }
}
//通过超声波获取距离
char distanceStr[16];
void ultrasonicGetDistance(void)
{
   static uint8_t ultrasonicState = 0;
  float distance = 0;                      //距离
  switch(ultrasonicState)
  {
   case 0:
      ultrasonicTrig();                    //发送8个40kHz的超声波信号
      HAL_TIM_Base_Start(&htim2);          //启动定时器
      getDistanceOk = 0;                   //允许获取距离标志
    tim2InterruptCnt = 0;                  //中断次数清零
    htim2.Instance->CNT = 0;               //计数寄存器清零
      ultrasonicState = 1;                 //状态机切换为1
      break;
   case 1:
      if(getDistanceOk == 1)               //可以获取距离了
       {  HAL_GPIO_WritePin(GPIOA,GPIO_PIN_10,GPIO_PIN_SET);
         distance = (tim2InterruptCnt *1000+(htim2.Instance->CNT))/58.0;
                                           //计算距离(cm)
         //把参数格式化后写入字符数组中
         sprintf(distanceStr,"的距离:%5.1fcm ",distance);//输出占5列,保留1位小数
        LCD12864_Display_String(2,0,distanceStr);         //行、列、字符串
        ultrasonicState = 0;
       }
     break;
  }
}
//当PA9(OUT)引脚电平为下降沿时,就自动调用中断回调函数
void HAL_GPIO_EXTI_Callback(uint16_t GPIO_Pin)
{
  if(GPIO_Pin == GPIO_PIN_9)
  {
      HAL_TIM_Base_Stop(&htim2);                             //关闭定时器
      getDistanceOk = 1;
```

```
    }
   //清除指定中断线的中断标志位。一般用于中断回调函数的结尾
    __HAL_GPIO_EXTI_CLEAR_IT( GPIO_PIN_9);
}
//调用该函数的条件:一是启动定时器,二是定时器允许更新中断
void HAL_TIM_PeriodElapsedCallback(TIM_HandleTypeDef *htim)
{
  if(htim == &htim2)
    {
     tim2InterruptCnt++;
    }
    __HAL_TIM_CLEAR_IT(htim, TIM_IT_UPDATE);  //清除 TIM2 的中断标志位
}
```

(7) 在 ultrasonic.h 中编程。

```
#ifndef __ULTRASONIC_H_
#define __ULTRASONIC_H_
#include "main.h"
void ultrasonicGetDistance(void);
void delayInit(void); //微秒延时初始化,参数为 sysTick 的主频
void HAL_Delay_us(int us);
static void ultrasonicTrig(void);
#endif
```

(8) 在 lcd12864.c 中编程。

```
#include "lcd12864.h"
#include "main.h"
#include "stm32f1xx_hal.h"
//LCD12864 写指令函数(参数 com 为八位指令)
void LCD12864_CMD(uint8_t com)
{
  //1.选择"写指令"模式
   LCD12864_RS_CLR;                    //RS=0
   LCD12864_RW_CLR;                    //RW=0
   //2.准备欲写入的指令
   LCD12864_DATAOUT(com);              //欲发送的指令
   HAL_Delay(1);
   //3.控制 E 端口产生下降沿信号写入指令
   LCD12864_EN_SET;
   LCD12864_EN_CLR;
}

//LCD12864 写数据函数(参数 dat 为 8 位数据)
void LCD12864_DAT(uint8_t dat)
{
  //1.选择"写数据"模式
   LCD12864_RS_SET;                    //RS=1
   LCD12864_RW_CLR;                    //RW=0
   //2.准备欲写入的数据
   LCD12864_DATAOUT(dat);              //欲发送的数据
   HAL_Delay(1);
```

```c
                //控制E端口产生下降沿信号写入数据
    LCD12864_EN_SET;
    LCD12864_EN_CLR;

//LCD12864模块初始化函数
void LCD12864_Init(void)
{   HAL_GPIO_WritePin(GPIO_LCD12864_CMD,GPIO_PIN_0|GPIO_PIN_1|GPIO_PIN_2|GPIO_
PIN_3|GPIO_PIN_4|DATA_PIN,GPIO_PIN_SET);
    HAL_Delay(50);                //延时50ms
    LCD12864_RST_CLR;             //使LCD12864控制芯片复位
    LCD12864_RST_SET;             //向RST端输入高电平
    LCD12864_CMD(0x30);           //设置8位数据格式,基本指令操作
    LCD12864_CMD(0x0c);           //开启整体显示,关闭游标显示
    LCD12864_CMD(0x10);           //关闭游标移动与显示控制位
    LCD12864_CMD(0x06);           //设置显示后的自动移位方向
    LCD12864_CMD(0x01);           //清屏
    HAL_Delay(1);                 //延时1ms
}

//LCD12864显示函数(x表示行数,y表示列数,s表示要显示的字串符)
void LCD12864_Display_String(uint8_t x,uint8_t y,char *s)
{
    switch(x)                     //选择显示的位置
    {
        case 0:  LCD12864_CMD(0x80+y);
            break;
        case 1:LCD12864_CMD(0x90+y);
            break;
        case 2:LCD12864_CMD(0x88+y);
            break;
        case 3: LCD12864_CMD(0x98+y);
            break;
    }
    while(*s!='\0')               //连续写入数据,直到数据为空
    {
        LCD12864_DAT(*s);         //写数据
        s++;
    }
}
```

(9) 在lcd12864.h中编程。

```c
#ifndef __LCD12864_H_
#define __LCD12864_H_
#include "stm32f1xx_hal.h"
//根据需要修改GPIO组
#define GPIO_LCD12864_CMD    GPIOE
#define DATA_PIN    GPIO_PIN_8 | GPIO_PIN_9 | GPIO_PIN_10 | GPIO_PIN_11 | GPIO_PIN_12
| GPIO_PIN_13 | GPIO_PIN_14 | GPIO_PIN_15
#define LCD12864_RS_SET    HAL_GPIO_WritePin(GPIO_LCD12864_CMD, GPIO_PIN_0,GPIO_
PIN_SET)
```

```c
#define LCD12864_RW_SET     HAL_GPIO_WritePin(GPIO_LCD12864_CMD, GPIO_PIN_1,GPIO_PIN_SET)
#define LCD12864_EN_SET    HAL_GPIO_WritePin(GPIO_LCD12864_CMD, GPIO_PIN_2,GPIO_PIN_SET)
#define LCD12864_PSB_SET    HAL_GPIO_WritePin(GPIO_LCD12864_CMD, GPIO_PIN_3,GPIO_PIN_SET)
#define LCD12864_RST_SET    HAL_GPIO_WritePin(GPIO_LCD12864_CMD, GPIO_PIN_4,GPIO_PIN_SET)
#define LCD12864_RS_CLR    HAL_GPIO_WritePin(GPIO_LCD12864_CMD, GPIO_PIN_0,GPIO_PIN_RESET)
#define LCD12864_RW_CLR     HAL_GPIO_WritePin(GPIO_LCD12864_CMD, GPIO_PIN_1,GPIO_PIN_RESET)
#define LCD12864_EN_CLR    HAL_GPIO_WritePin(GPIO_LCD12864_CMD, GPIO_PIN_2,GPIO_PIN_RESET)
#define LCD12864_PSB_CLR    HAL_GPIO_WritePin(GPIO_LCD12864_CMD, GPIO_PIN_3,GPIO_PIN_RESET)
#define LCD12864_RST_CLR    HAL_GPIO_WritePin(GPIO_LCD12864_CMD, GPIO_PIN_4,GPIO_PIN_RESET)
#define LCD12864_DATAOUT(X) HAL_GPIO_WritePin(GPIO_LCD12864_CMD,DATA_PIN,GPIO_PIN_RESET);HAL_GPIO_WritePin(GPIO_LCD12864_CMD,X<<8,GPIO_PIN_SET)
//液晶屏写入指令函数
void LCD12864_CMD(uint8_t com);
//液晶屏写入数据函数
void LCD12864_DAT(uint8_t dat);
//LCD12864液晶屏初始化函数
void LCD12864_Init(void);
//LCD12864液晶屏显示函数
void LCD12864_Display_String(uint8_t x,uint8_t y,char *s);
```

3. 基于STM32F103嵌入式实验箱运行

(1) 使用20针排线将STM32核心板的PA口与超声波传感器的J2接口相连接；STM32核心板的PE口连接LCD12864显示模块的J2接口。

(2) 将Entity.hex烧写到STM32F103VCT6芯片的Flash中，单击Reset按钮。

拓展阅读

超声波测距探头：科技赋能，精准测量新世界！

超声波测距探头是利用超声波在空气中的传播特性进行距离测量的设备。其工作原理是通过探头发射超声波，当超声波遇到障碍物时会产生反射，探头再接收反射回来的超声波，通过计算超声波往返时间，利用声速即可得出探头与障碍物之间的距离。这种方法具有非接触性、高精度和快速响应等优点，因此在多个领域得到了广泛应用。

在工业自动化领域，超声波测距探头为生产线上的物体定位、物料搬运、机器人导航等提供了精确的距离信息。例如，在自动化仓库中，超声波测距传感器可以帮助智能小车实现自主导航，准确地将货物运送到指定位置。此外，在工业生产过程中，超声波测距探头还可以用于监测液位、测量物料堆高度等，为工业自动化生产提供有力支持。

在智能交通领域，超声波测距探头同样发挥着重要作用。它可以安装在汽车上，用于实现倒车雷达、自动泊车等功能。通过实时监测车辆与周围障碍物的距离，帮助驾驶员避免碰撞，提高行车安全性。此外，超声波测距探头还可以应用于智能交通信号控制系统中，实时监测路口车流量,为交通信号灯的智能调度提供依据。

随着智能家居技术的不断发展,超声波测距探头也逐渐融入家庭生活中。它可以安装在智能家居系统中,用于实现智能照明、智能安防等功能。例如,当有人进入房间时,超声波测距传感器可以实时监测人与灯具的距离,自动调节灯光亮度和照射范围,营造舒适的家居环境。同时,在安防方面,超声波测距传感器可以用于检测窗户、门等入口处的异常情况,及时发出警报,保障家庭安全。

(资料来源:超声波测距探头:科技赋能,精准测量新世界![EB/OL].(2024-09-06)[2024-12-06]. https://baijiahao.baidu.com/s?id=1809435895421211889&wfr=spider&for=pc.)

练 习 题

一、填空题

1. 在 STM32 单片机中,显示终端模块分为自带字库和不带字库两种,实物中的 LCD12864 显示模块_____字库、3.5 英寸 TFT 液晶屏模块_____字库。

2. LCD12864 液晶屏包含_____个像素点,被分割成_____行,每行_____个地址。每个地址容纳 16×16 个像素点,正好显示一个_____或两个_____。

3. 使用_____软件可以生成西文字符或汉字的字模。使用_____软件可以生成图像的字模。

4. 3.5 英寸 TFT 液晶屏模块显示区域大小为_____个像素。

5. 一般情况下,超声波持续时间以_____为单位,测距以_____为单位。超声波测距时发射的超声波频率为_____、声波在空气中的传播速度为_____。

二、简答题

1. 在图 9-11 中,每当按下"加速"按钮时,为什么直流电动机会提速?每当按下"减速"按钮时,为什么直流电动机会减速?

2. 在图 9-19 中,PA1 引脚复用为 TIM2 的 CH2 通道。CH2 通道产生的 PWM 信号如何控制电动机控制模块的电动机转速?

3. 根据图 9-26,解释超声波模块测距的工作原理。

三、实训题

如图 9-11 所示,通过 5 个按钮控制直流电动机的运行状态,5 个按钮的作用分别是电动机正转、电动机反转、电动机停止、电动机加速和电动机减速,其中电动机加速、减速分别以 10% 的 PWM 占空比作为递增、递减量。每当按下一个按钮时,将在虚拟终端显示当前的 PWM 占空比。要求使用 Proteus 软件进行虚拟仿真,使用 TIM3 的 CH2 通道就产生 PWM 信号,通道模式选择 PWM1,通道极性选择 HIGH。

参考文献

[1] 徐亮. STM32单片机开发实例——基于Proteus虚拟仿真与HAL/LL库[M]. 北京：电子工业出版社, 2021.
[2] 郭志勇. 嵌入式技术与应用开发项目教程[M]. 北京：人民邮电出版社, 2019.
[3] 游志宇, 陈昊, 陈亦鲜. STM32单片机原理与应用实验教程[M]. 北京：清华大学出版社, 2022.
[4] 谭浩强. C程序设计[M]. 4版. 北京：清华大学出版社, 2010.